黄河下游(河南段)悬河
稳定性评价

郭付三　张古斌　编著

黄河水利出版社

内 容 提 要

　　本书分析了黄河下游区域地质背景和地质环境演化特征,论述了黄河下游(河南段)河道带地质特征及影响黄河悬河的稳定性因素,建立了黄河下游(河南段)悬河失稳模式,并进行了稳定性评价,提出了黄河下游(河南段)防洪减灾的地学对策。

　　本书可供水利工作者、环境与工程地质工作者、黄河研究工作者参考。

图书在版编目(CIP)数据

　　黄河下游(河南段)悬河稳定性评价/郭付三,张古斌编著.
郑州:黄河水利出版社,2009.5
　　ISBN 978 - 7 - 80734 - 507 - 7

　　Ⅰ.黄…　　Ⅱ.①郭…②张…　　Ⅲ.黄河 - 下游河段 -
稳定性 - 分析　　Ⅳ.TV882.1

　　中国版本图书馆 CIP 数据核字(2008)第 181919 号

组稿编辑:王路平　电话:0371 - 66022212　E-mail:hhslwlp@ 126. com

出　版　社:黄河水利出版社
　　　　　　地址:河南省郑州市黄委会综合楼 14 层　　邮政编码:450003
发行单位:黄河水利出版社
　　　　　　发行部电话:0371 - 66026940、66020550、66022620(传真)
　　　　　　E-mail:hhslcbs@ 126. com
承印单位:河南地质彩色印刷厂
开本:850 mm ×1 168 mm　1/32
印张:6.25
字数:160 千字　　　　　　　　印数:1—1 400
版次:2009 年 5 月第 1 版　　　印次:2009 年 5 月第 1 次印刷

定价:20.00 元

前　言

　　黄河是我国第二大河,发源于青海省巴颜喀拉山北麓,向东流经 9 个省区,先后跨越了青藏高原、黄土高原和黄河下游冲积平原三个地形地貌阶梯。根据地质地貌和河流水文特征,将黄河划分为上游、中游、下游三个部分。上游自河源地至内蒙古的托克托,河道长 3 472 km,落差 3 846 m,比降 1.11‰,区间流域面积 38.6 万 km^2,占全流域的 51.3%;中游自托克托至河南的桃花峪,河道长 1 206 km,落差 890 m,比降 0.74‰,区间流域面积 34.4 万 km^2,占全流域的 45.7%;下游自桃花峪至山东垦利河口,长 786 km,落差 95 m,比降 0.12‰,区间流域面积 2.3 万 km^2,占全流域面积的 3%。

　　黄河在下游是一条多泥沙堆积型平原河流,以水少沙多为其特征,主要表现为:① 黄河大部分流经干旱、半干旱地区,全河多年平均天然径流量 580 亿 m^3,仅占全国河川径流量的 2%,流域内人均水量 593 m^3,为全国人均水量的 25%;② 黄河三门峡站多年平均输沙量 16 亿 t,多年平均含沙量 35 kg/m^3,在大江大河中名列第一,年最大输沙量达 39.1 亿 t,最高含沙量达 911 kg/m^3。

　　在进入下游的约 16 亿 t 泥沙中,约 1/4 输入深海,约 1/2 沉积于入海三角洲,其余约 1/4 堆积于下游河道内,使黄河下游河道逐渐淤积抬高,年均淤积厚度 0.05~0.10 m,堤防临背差 3~5 m,部分河段最高达 10 m 以上,是世界上著名的地上悬河。

　　黄河泥沙在下游淤积,使得黄河下游河道形成为一条地上悬河,洪水危害最为严重,被称为"中国的忧患"。历史上平均三年两决口,百年一改道,北侵海河,南夺淮河,洪水泛滥范围达 25 万

km^2,使中华民族饱受洪水灾害,损失惨重、社会动荡、民不聊生。人民治黄以来,采取上、中、下游综合治理的治黄方略,取得了安澜50余年的巨大成就。但黄河的泥沙未能得到明显控制,河道仍在淤积抬高,防洪形势日益严峻,悬河稳定性问题成为亟待解决的治黄问题。

从黄河的形成、演变可以看到,黄河河道的变迁和流路在一定程度上受控于区域地质构造的格局和活动性,受控于地质地貌条件和河流水动力条件,也受控于人类活动,所以说黄河下游悬河稳定性受环境地质条件、河流动力地质作用、人类工程活动等多重因素制约。随着社会及科学技术的不断进步和对黄河泥沙规律认识的不断深入,通过多学科、多技术手段的融合,最终达到根治黄河、实现除害兴利的目标。

黄河下游在河南省境内长度为 371 km,本段河道宽、浅、散、乱,淤积速率高,存在着易于发生河势不良变化的敏感性河流地貌,易于发生决溢灾害。尤其是东坝头—高村河段,1855 年改道后淤积厚度达 4~6 m,结构松散,俗称"豆腐腰"。随着河床的不断淤积升高,两岸滩唇高,堤根低,滩面向堤根倾斜,部分河段的河槽平均高度已明显高出滩面,形成"二级悬河"。因此,对黄河下游,尤其是河南宽河段及其两岸开展环境地质调查,从河道环境和河道内部的地质地貌特征、河流动力地质作用等不同方面,分层次对悬河稳定性进行分析评价,对黄河综合治理具有重要意义。

在此基础上,作者对历史治黄策略、经验教训进行了总结,对当代治黄现状及存在的问题做了概括,并从地学的角度,对治黄的主要问题进行了认真分析、探讨,提出了相应的地学对策和建议。

本书可供水利工作者、环境与工程地质工作者、黄河研究人员参考。

本书共分七章。前言及第一、三、五、七章由郭付三编写,第二、四、六章由张古斌编写。全书由郭付三统稿。

由于编著者水平有限,书中错误和不足之处在所难免,敬请读者批评指正。

编著者

2008 年 6 月于郑州

目　录

第一章 黄河下游区域环境地质背景

第一节 区域自然地理特征

一、气象、水文特征

(一)小浪底—花园口段气象、水文特征

黄河流域小浪底—花园口段位于中游向下游过渡地段,水利部将该段划为黄河中游,而地理地质学家根据其发育特征,将该河段划为黄河下游。小浪底水库建成虽然对黄河下游防洪有明显的控制作用,但水库未能控制的小浪底—花园口段各支流(主要是洛河和沁河)洪水仍对下游花园口以下河段的防洪产生重要的影响。

1. 气象特征

该区属暖温带大陆性半干旱季风气候,夏季炎热多雨,冬季寒冷干燥,气候四季分明。沿黄地段多年平均气温 12~15 ℃,极端最低气温 −17.5 ℃,极端最高气温 43.7 ℃,多年平均降水量 600 mm 左右。降水量年际变化大,丰水年可达 1 000 mm 以上,枯水年则仅 300 mm。降水量年内分配不均,6、7、8、9 四个月占全年降水量的 60% 以上。本区的大风日数多,年蒸发量大,多年平均水面蒸发量 1 200 mm 左右,为降水量的 2 倍。最大风速 20 m/s,平均相对湿度 60% 左右,多年平均无霜期 235 天。本区是黄河流域暴雨较多的地区之一,年暴雨日数 1~3 天,82% 的暴雨日数集中于盛夏 7、8 两个月份,其特点是降雨强度大,历时较短,如 1982 年

7月底~8月初的一次大暴雨,暴雨中心在宜阳县石蜗镇,24 h 降雨达 734.3 mm。

2.水文特征

黄河流域小浪底—花园口段汇水面积 35 881 km², 主要支流为洛河和沁河,其次还有浠河、汜水河等。洛河是黄河三门峡以下最大支流,发源于陕西省的华山南麓蓝田县,流经陕西的洛南、河南的卢氏、洛宁、宜阳、洛阳、偃师等县市,于巩义巴家门注入黄河,河道全长 447 km,流域面积 18 881 km²,洛河较大支流有伊河,所以又称伊洛河。洛河上建有两座大型水库,分别是伊河上的陆浑水库和洛河上的故县水库,两水库控制的流域面积为 8 862 km²,占洛河流域面积的 46.9%。陆浑水库控制伊河流域面积 3 492 km²,总库容 13.86 亿 m³,蓄洪库容 2.43 亿 m³;故县水库控制流域面积 5 370 km²,总库容 11.75 亿 m³,蓄洪库容 4.82 亿 m³。洛河多年平均流量 94.6 m³/s,修建水库之前,黑石关站的最大实测洪峰流量 9 450 m³/s(1982 年 8 月 2 日),最小流量,1979 年、1981年均出现过断流。

沁河是黄河流域小浪底—花园口段的又一条重要支流,发源于山西省平遥县,自北而南穿越太行山,进入冲积平原,在河南武陟县汇入黄河。河长 485 km,流域面积 12 894 km²,最大支流为丹河。沁河流域是黄河小浪底—花园口间洪水的来源之一。沁河洪水有 60%~70% 来自五龙口以上,据调查出现过洪峰流量 5 940 m³/s,而沁河武陟小董站实测最大流量为 4 130 m³/s(1982 年 8 月 2 日)。沁河最小流量为 0,即多年出现过断流。

据《黄河防洪》显示,小浪底水库与三门峡、陆浑、故县等干支流水库联合运用可使花园口万年一遇洪水流量由 41 700 m³/s 削减为 24 200 m³/s;千年一遇洪水流量由 34 400 m³/s 削减为22 500 m³/s;百年一遇洪水可由目前的 24 200 m³/s 削减为 16 000 m³/s,显然四水库的联合运用具有很强的防洪削峰作用,然而对于日益萎缩的黄河下游河道,防洪减灾仍不能掉以轻心。

(二)小浪底水库对黄河下游输水输沙的控制作用

小浪底水利枢纽工程位于黄河中游最后一道峡谷的出口,地处河南省洛阳市西北约 40 km 处,孟津与济源之间的黄河干流上,地理位置极为优越。小浪底大坝上距三门峡水库 130 km,下距郑州花园口 128 km,水库流域控制面积 69.4 万 km²,占黄河流域总面积的 92%,出库径流量和输沙量分别占全河总量的近 90% 和100%,处在承上启下、能够控制黄河水沙的关键部位,是黄河干流上最后一个能够获得较大库容的控制性工程,在黄河治理开发中具有重要的战略地位。

小浪底水库是以"防洪、防凌、减淤为主,兼顾供水、灌溉、发电,蓄清排浑,除害兴利,综合利用"为开发目标的大型水利枢纽工程。水库正常蓄水位 275 m,总库容中防洪库容 40.5 亿 m³,调水调沙库容 10.5 亿 m³,淤沙死库容 75.5 亿 m³。

小浪底实测多年平均径流量 405.5 亿 m³(1919 年 7 月 ~ 1995年 6 月)。实测最大年径流量 679.5 亿 m³,多年平均流量 1 342 m³/s,实测最大流量 22 000 m³/s(1933 年 8 月 10 日),实测多年平均输沙量 13.51 亿 t,实测最大年输沙量 37.3 亿 t,实测最小年输沙量 2.03 亿 t,实测瞬时最大含沙量 941 kg/m³(1977 年 7 月),最大一日输沙量 7.66 亿 t(1933 年 8 月 9 日)。

小浪底水库除有 75.5 亿 m³ 的淤沙库容可供拦蓄泥沙 78 亿 t外,还采用"蓄清排浑"运行方式,与三门峡、陆浑、故县等干支流水库联合运用,可在下游发生百年一遇洪水时,不使用东平湖滞洪区,在发生千年一遇洪水时,可使花园口流量不超过 22 000 m³/s,大大提高下游的防洪标准。小浪底水库为不完全年调节水库,51亿 m³ 的长期有效库容除汛期防洪和调水调沙冲刷下游河床泥沙,减少河道淤积外,还可调节年内径流,使花园口 3 ~ 6 月来水量年平均增加 21.6 亿 m³。目前,进行的小浪底水库调水调沙试验,旨在利用水库的蓄水量,进行人造洪峰,通过不同含沙量试验,得出最优的能够将泥沙输送至大海的径流量和含沙量,同时可以观测出各河段的冲淤变化,为小浪底水库的长期运用和最大发挥其防洪效益积累经验。

(三)黄河下游的气象、水文特征

1.气象特征

黄河下游属暖温带季风气候区,具有明显的大陆季风气候特征,四季分明,春季干旱多风沙,夏季炎热雨集中,秋高气爽日照长,冬季寒冷雨雪少,多年平均气温为 11 ~ 14.5 ℃,1 月份气温最低,平均 −1 ~ −4 ℃,极端最低气温 −21.3 ℃(新乡市),黄河封冻期在 11 月至翌年 3 月;最高气温在 7 ~ 8 月,平均为 25 ~ 27 ℃,极端最高气温 43 ℃(1966 年 7 月 19 日,郑州市)。

区内降水量适中,多年平均降水量为 571.0 ~ 762.9 mm,年内分配不均,其中有近 2/3 的降雨集中于 6 ~ 9 月(见表 1-1),所以常出现春旱秋涝现象。降水量的不均还表现在年际变化上,常为旱涝交替,并多次出现连续的干旱年。从各雨量站多年平均降水量的统计情况看,黄河下游沿黄有一条带状低值区,其中降水量低于 600 mm 的地区主要分布在黄河北侧。区内多年平均水面蒸发量 1 000 ~ 1 400 mm,陆面蒸发量 500 ~ 600 mm,主要集中在 4、5、6 三个月,占年蒸发量的 40% 左右,多年平均绝对湿度 1 200 ~ 1 350 Pa,多年平均相对湿度 65% ~ 75%,均自东南向西北降低(见图 1-1)。

2.水文特征

黄河自郑州桃花峪起进入黄河下游,至山东垦利县清水沟注入渤海,河段全长 786 km,落差 95 m,河道比降上陡下缓,平均比降 1.21‰,流域面积 22 726 km²,占全流域的 3%。黄河下游河南境内除黄河及其支流金堤河、天然文岩渠外,流域外支流主要有左岸的卫河向东注入海河,右岸的贾鲁河、涡河、惠济河等向东南注

表1-1 黄河下游各地市多年平均月降水量统计

地市	特征值	月降水量（mm）												全年	汛期（6~9月）	非汛期（10月~次年5月）
		1	2	3	4	5	6	7	8	9	10	11	12			
郑州	多年平均	8.5	13.1	27.8	45.4	53.2	68.1	146.3	127.9	69.7	41.1	27.4	9.3	637.8	412.0	225.8
	年内分配（%）	1.33	2.05	4.36	7.12	8.34	10.68	22.94	20.05	10.93	6.44	4.30	1.46		64.60	35.40
开封	多年平均	9.1	12.5	27.0	42.1	54.7	77.7	163.7	120.8	65.7	38.9	25.0	10.7	647.9	427.9	220.0
	年内分配（%）	1.40	1.93	4.17	6.50	8.44	11.99	25.27	18.64	10.14	6.01	3.86	1.65		66.04	33.96
新乡	多年平均	5.3	9.2	21.1	31.7	47.2	75.9	183.1	153.4	62.3	35.5	21.0	6.6	652.3	474.7	117.6
	年内分配（%）	0.81	1.41	3.23	4.86	7.24	11.64	28.07	23.52	9.55	5.44	3.22	1.01		72.78	27.22
濮阳	多年平均	5.7	8.3	17.7	30.6	39.7	67.4	161.2	120.6	56.8	35.4	20.6	7.0	571.0	406.0	165.0
	年内分配（%）	1.00	1.45	3.10	5.36	6.95	11.80	28.23	21.12	9.95	6.20	3.61	1.23		71.10	28.90
商丘	多年平均	12.9	17.1	30.8	44.3	59.9	81.0	181.8	133.5	68.9	39.3	25.3	13.6	708.4	465.2	243.2
	年内分配（%）	1.82	2.41	4.35	6.25	8.46	11.43	25.66	18.85	9.73	5.55	3.57	1.92		65.67	34.33
周口	多年平均	16.3	21.3	38.9	51.5	66.7	87.4	178.5	134.7	76.0	45.8	30.7	15.1	762.9	476.6	286.3
	年内分配（%）	2.14	2.79	5.10	6.75	8.74	11.46	23.40	17.66	9.96	6.00	4.02	1.98		62.48	37.52

资料来源：河南省防汛水情资料汇编，资料统计年份为1953～1994年。

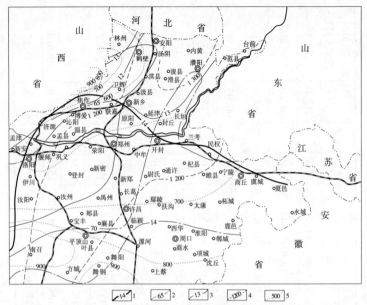

| $\boxed{14}$ 1 | $\boxed{-65}$ 2 | $\boxed{13}$ 3 | $\boxed{-1200}$ 4 | $\boxed{500}$ 5 |

1—气温(℃);2—相对湿度(%);3—绝对湿度($1×10^2$ Pa);

4—蒸发量(mm);5—降水量(mm)

图 1-1 多年平均气象要素等值线图

入淮河。

1)黄河

黄河自孟津宁嘴出峡谷,自西向东径流,至兰考县东坝头折向东北,在台前县的张庄进入山东省,该河段长约 400 km。黄河下游河道为强烈堆积型河道,由于河水含泥沙高,并在下游段落淤,致使黄河河床高出背河地面 3~5 m,最大达 10 m 以上,形成地表分水岭和黄淮海大平原的脊柱。近年来,河道淤积速率加快,平均每年淤积约 10 cm,悬河形势日益严峻。黄河具有水少沙多、水沙异源的特点,水沙时空分布上极不均匀,一年中 60% 的水量和 80% 的输沙量都集中于汛期。黄河水量主要来源于上游和中游三门峡—花园口区间,占全河径流量的 67%,而沙量仅占全河的 10.7%;黄河泥沙主要来源于中游的河口镇—三门峡区间,占全河的 89%,其中 55.7% 来源于河口镇—龙门段,且为粗泥沙的主要物源区。

据花园口水文站 1949~1994 年资料(见图 1-2),黄河多年平均流量 1 378 m³/s;最大实测洪峰流量为 22 300 m³/s(1958 年 7 月 17 日),最小流量为 0(1960 年 6 月 1 日)。多年平均含沙量为 27.8 kg/m³,最大年平均含沙量为 53.0 kg/m³。实测最大含沙量为 546 kg/m³(1977 年)。

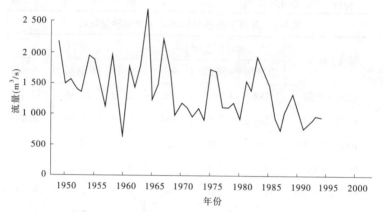

图 1-2　黄河花园口站多年平均流量曲线图

1949~1999 年花园口站洪水流量(大于 4 000 m³/s)发生次数见表 1-2,黄河下游各时期年均来水来沙量见表 1-3。

20 世纪 70 年代以来,黄河中上游来水量减少,下游断流情况日趋严重,从 1972~1997 年的 26 年中,黄河下游共有 20 年发生断流,其中 1997 年断流时间长达 226 天,河道断流上端到达开封柳园口,断流河段长约 700 km,夹河滩水文站断流时间达 18 天。长时间断流给下游工农业生产和人民生活用水等造成严重影响。

表1-2 1949～1999年花园口站洪水流量(大于4 000 m³/s)发生次数统计

出现年份	不同洪水流量下发生次数				合计
	4 000～8 000 (m³/s)	8 000～10 000 (m³/s)	10 000～15 000 (m³/s)	15 000 以上 (m³/s)	
1949	3	0	2	0	5
1950～1959	46	11	4	2	63
1960～1969	35	3	0	0	38
1970～1979	31	3	1	0	35
1980～1989	32	3	0	1	36
1990～1999	9	0	0	0	9
合计	156	20	7	3	186

表1-3 黄河下游各时期年均来水来沙量统计

时期	水量(亿 m³)			沙量(亿 t)		
	非汛期	汛期	全年	非汛期	汛期	全年
1950～1959	184	296	480	2.50	15.49	17.99
1960～1964	244	320	564	1.59	4.29	5.88
1965～1973	199	226	425	3.48	12.82	16.30
1974～1980	167	228	395	0.34	12.03	12.37
1981～1985	184	298	482	0.35	9.35	9.70
1986～1999	149	127	276	0.41	7.19	7.60
1919～1985	188	277	465	2.22	12.50	14.72

从表1-2、表1-3、图1-2中均可看出,近年来大洪水发生次数和年均来水量有明显减小的趋势,同时除三门峡水库蓄水运用期(1960～1964年)为多水少沙年份外,年均来沙量也相应减少。水沙量年内分配也不均一,非汛期水沙量较小,汛期水沙量较大,所挟泥沙主要为悬移质,粒径大于 0.05 mm 的粗颗粒泥沙占30.5%,粒径小于 0.05 mm 的细颗粒泥沙占69.5%,其中粗颗粒

泥沙主要淤积于下游的高村以上河段。

据黄河花园口站 20 世纪 80 年代水位资料统计,多年平均水位 92.12 m。由于受黄河流域中上游气象要素周期性变化和水库运行方式的影响,水位变化显著,连续出现 2～3 年偏高水位之后,即出现 2 年左右的偏低或低水位期。每年 10 月～翌年 6 月一般为低水位期和平水位期,7～9 月为高水位期。近年受黄河淤积影响,河道萎缩严重,同流量洪水位显著增高(见图 1-3),同时,往往每年的第一次洪水位较高,常使洪水漫滩并造成损失。从图 1-3 可看出,1958 年 7 月洪水最大流量 22 300 m³/s,相应水位 93.82 m;1982 年 8 月最大洪水流量 15 300 m³/s,相应水位 93.99 m;1996 年 8 月最大洪水流量 7 600 m³/s,相应水位高达 94.72 m,创该站有记录以来最高水位。尤其是"96·8"洪水,使铜瓦厢决口后形成且从未上过水的高滩(花园口—东坝头间),部分上水漫滩,并造成了巨大损失。2002 年 7 月 4 日,小浪底水库放水进行调水调沙试验,濮阳县 7 月 7 日洪峰流量由 600 多 m³/s 增大到 2 300 m³/s,滩地上水,淹没面积 16.8 万亩(1 亩 = 1/15 hm²),水深一般为 2 m,最深 6 m。渠村附近内堤决口宽 20 m,用去麻袋 6

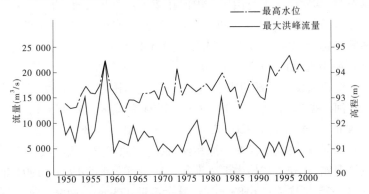

图 1-3　黄河花园口站 1949～1999 年各年最大流量、最高水位曲线

万多条才于 7 月 13 日将决口堵住。上述均说明黄河下游河道在逐年淤积抬高,洪水威胁越来越大。

2)流域内支流

黄河下游河南境内流域内支流主要为金堤河和天然文岩渠。

金堤河发源于河南新乡县境,流向东北,至台前县张庄附近穿临黄堤入黄河,滑县以下干流长 158.6 km,平均河宽 260 m,比降 0.91‰～0.59‰,流域狭长,面积 5 048 km²,属下游平原区排涝河道。据范县站 1964～1994 年资料,多年平均流量 6.12 m³/s,最大流量 452 m³/s(1974 年),最小流量为 0,常出现断流。

天然文岩渠发源于原阳县西南的背河洼地,至濮阳县渠村附近入黄河,河长 147 km,流域面积 2 555 km²,属排涝河道,据大车集站 1964～1994 年资料,多年平均流量 14.1 m³/s,最大流量 299 m³/s,常出现断流。

3)黄河流域外支流

黄河左岸外支流有卫河、马颊河,属海河流域;右岸外支流主要有贾鲁河、涡河、惠济河、浍河、沱河、黄河故道等,属淮河流域。

卫河干流属平原型河流,发源于焦作市西北,其主要支流多在其左侧,均发源于太行山区。卫河在南乐县西北入河北省,河南境内流域面积 1.5 万 km²。据卫河淇门(总站)1953～1994 年资料,多年平均流量 45.6 m³/s,最大流量 6 440 m³/s(1963 年 8 月 8 日),最小流量 0(1992 年)。

贾鲁河发源于郑州市西南山区,至周口附近汇入沙颍河后流入淮河。据贾鲁河扶沟站 1951～1994 年资料,多年平均流量 16.4 m³/s,最大流量 720 m³/s(1956 年),最小流量 0。

涡河、惠济河等豫东平原型河流,均发源于黄河大堤或黄河故道的南侧,在安徽省境内汇入淮河。据涡河玄武站 1959～1994 年资料,多年平均流量 6.83 m³/s,最大流量 473 m³/s(1965 年);据惠济河砖桥闸站 1951～1994 年资料,多年平均流量 13.4 m³/s,最大流量 934 m³/s(1957 年),两河流最小流量均为 0,即多次出现断流。

4)人工引黄渠系

黄河下游两岸兴建了多个大、中型引黄灌溉工程,较大的灌区有人民胜利渠灌区、赵口灌区、三义寨灌区等,共建有引黄涵闸 33 座,虹吸管 13 处,利用黄河水灌溉的面积达 1 020 万亩,其中 30 万亩以上的大型灌区有 10 处,涉及黄河下游沿黄地区 6 个地市 17 个县。据 1973 ~ 1984 年统计,下游引黄灌区平均每年引水量为 33 亿 m³,平均每年灌溉 502 万亩,大大地促进了河南沿黄地区的农业经济发展。黄河下游引黄灌区及渠系情况统计见表 1-4。

二、地形与地貌

(一)地形地势

黄河下游为冲积平原,处于河南省的东部,为华北平原的一部分,西与低山丘陵、太行山、嵩箕山、伏牛山山前倾斜平原相接,北、东、南分别与河北平原、鲁西平原、淮北平原相连,地形总趋势西高东低,标高为 95 ~ 40 m。黄河由西向东从平原的中部流过,至兰考东坝头折向东北,沿豫鲁两省的边界地带在台前县张庄流出河南。由于黄河含泥沙高,在人工大堤的约束下形成世界上著名的"地上悬河"。河床一般高出堤外平原 3 ~ 5 m,最高达 10 m 之多,成为南北平原的分水岭,南岸的平原属淮河流域,淮河及其支流自西北岸向东南径流;北面黄河流域以北属海河流域,卫河自南西向北东径流。黄河以北,地势由西南向东北缓倾斜,地面平均坡降为 2.5‰ ~ 1.4‰。该区是历史上黄河决口、改道最频繁的地区,所以地表仍有河道变迁的遗迹,高地、平地、洼地分布普遍,故河道上有沙丘、沙地分布。现黄河及明清故道以南,地势由西北向东南缓倾斜,地面平均坡降为 5‰ ~ 2‰。这一地区是历史上黄河决口南泛的主要波及区,决口泛滥所遗留的沙地、沙丘和沙岗、决口洼地、决

表 1-4 黄河下游引黄灌区及渠系情况统计

序号	灌区名称	设计灌溉面积（万亩）	干渠长度（km）	涵闸或虹吸名称	设计流量（m³/s）	实际灌溉面积（万亩）	备注
1	白马泉灌区	10.0	9.2	白马泉	10	4.3	受益范围武陟县
2	武嘉灌区	32.0	56.9	共产主义首闸	280	20	受益范围武陟、获嘉
3	人民胜利渠	88.6	159	人民胜利渠渠首闸、张菜园闸	55、100	72	受益范围新乡、获嘉、卫辉等
4	堤南灌区	21.8	72	幸福闸	40	20	受益范围原阳县
5	韩董庄灌区	34.3	97	韩董庄闸	25	10	受益范围原阳县
6	祥符朱灌区	20.0	56	祥符朱闸	30	15	受益范围原阳县
7	封丘灌区	43.8	35	于店闸、红旗闸、堤湾闸、辛庄闸	330	41	含大宫灌区和辛庄灌区
8	左寨灌区	13.0		左寨闸	10		受益范围长垣县
9	石头庄、杨小寨灌区	30.0	47.9	石头庄闸、杨小寨闸	30	15	受益范围长垣县
10	渠村灌区	67.0	47.0	渠村闸	100	30	受益范围濮阳县

续表 1-4

序号	灌区名称	设计灌溉面积（万亩）	干渠长度（km）	涵闸或虹吸名称	设计流量（m³/s）	实际灌溉面积（万亩）	备注
11	南小堤灌区	65.0	53.6	南小堤闸	50	12	受益范围濮阳县
12	范县灌区	57.0	142.5	彭楼闸、千庄闸、邢庙闸	57.5	30	含彭楼灌区、邢庙灌区
13	台前灌区	10.5	35	刘楼闸、王集闸、影堂虹吸	61.34	8.1	含刘楼灌区、王集灌区、影堂灌区
14	花园口灌区	18.0	72	花园口、马渡闸	40	16	受益范围郑州郊区
15	杨桥灌区	27.4	51.2	杨桥闸	30	16	受益范围闸中牟县
16	赵口灌区	256.2	83.2	赵口闸	210	5	受益范围闸中牟县
17	黑岗口灌区	15.0	46.6	黑岗口闸	50	10	受益范围闸开封市、开封县
18	柳园口灌区	14.6	42.9	柳园口闸	40	12.5	受益范围闸开封县
19	三义寨灌区	250.0	150	三义寨闸	300	20	受益范围闸兰考县、民权县

口扇等均有分布,特别是沙地、沙丘、沙岗分布广泛。

(二)地貌特征

黄河下游河道自孟津县宁嘴出峡谷进入华北大平原,流经河南、山东两省注入渤海。黄河下游的划分有两种观点,一种是水利部门的观点,即从郑州西北的桃花峪开始;另一种是从黄河出峡谷开始,即从孟津县宁嘴算起,地理、地质学家多持此种观点。桃花峪以西至宁嘴有 80 km 长的河道,其宽度为 5~10 km,右岸为邙山,左岸有堤防约束,黄河在此经常摆动,枝叉众多,蜿蜒曲折,沙洲棋布,第四纪沉积物深厚,已具典型的游荡性河床的特征,所以我们认为黄河下游起点从孟津宁嘴算起较为合理,但考虑到桃花峪以下两岸均有堤防约束,并成为地上悬河,故本次工作区西界仍从桃花峪算起。

按地貌基本形态分类,黄河下游(工作区)属于平原。按地貌基本形态类型分类,黄河下游属于平原;按地貌基本成因类型分类,区内可分为黄河冲积平原和山前冲洪积平原两类。黄河冲积平原又可分为黄河河道冲积扇状平原、泛滥平原,其中河南省境内主要为前两种类型,地貌分区见图 1-4、图 1-5,其特征见表 1-5。

1. 黄河冲积平原

黄河下游地区主要是由黄河冲积形成的广阔平原,为华北大平原的主体,由黄河多次决口泛滥改道而成。自沁河口以下,大堤背河的地面高程逐渐低于河床,形成"地上悬河",具有独特的地貌特征。冲积平原按其形成历史、形态特征及其地质结构,进一步分为冲积扇平原和泛滥平原,在二者的基础上,在人类干预工程影响下形成现黄河河道。

1)黄河河道

黄河下游由于人类工程——黄河大堤的约束,形成独特的河流地貌体系,它不仅包含了河床、边滩、河漫滩,而且也塑造了背河洼地和决口扇。

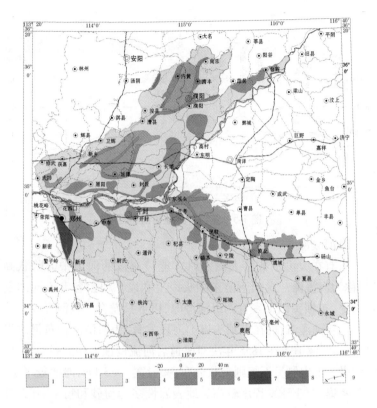

1—河床及边滩;2—河漫滩;3—泛流平地;4—古河床高地;5—洼地;6—决口扇;
7—嵩山山前冲洪积平原;8—太行山前冲洪积平原;9—黄河大堤

图 1-4　黄河下游地貌略图(河南部分)

a. 河床及边(心)滩

河床是水沙输移的通道,也是大洪水的主要通道。通常河床边界不规则,断面宽而微凹,中常洪水即可淹没,但在枯水季节,河床大部分出露水面,成为心滩和边滩,由于水流的主体呈曲流蜿蜒状在河床中游荡,所以有的地貌学家把河床、边滩和心滩统称为曲流带。

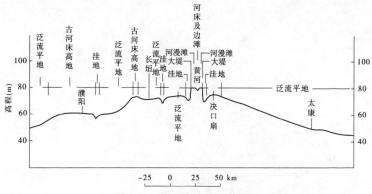

图 1-5　黄河下游地貌剖面图

b. 河漫滩

只有在大洪水或特大洪水时才能被淹没的河道中的阶状高地,称为河漫滩。黄河下游东坝头以上和以下河段各有不同的发育历史,东坝头以上发育两级河漫滩,以下只发育一级河漫滩。

二级河漫滩:仅在东坝头以上河段发育,为明清时代黄河之漫滩与支河、汊道等在1855年决口改道后河流侵蚀下切的残留部分,沿两岸大堤内侧呈不规则带状分布,一般宽2～3 km,滩面较平坦,村落密集,农业开发程度较高。地表岩性多为粉砂和粉土,开封袁坊—刘店滩区有沙丘展布,原阳—封丘滩区靠大堤有临河洼地展布。随着溯源淤积,花园口附近及以上二级河漫滩已不明显。

一级河漫滩:东坝头以上和以下分别具有不同特征。东坝头以上的两级河漫滩呈内叠关系,一级河漫滩分布在二级河漫滩之内,一般较窄,宽1～3 km。近年河槽相对稳定后,一级河漫滩变宽,与二级河漫滩之间有些部位还保留着不甚明显的原始阶坎。东坝头以下河段只发育一级河漫滩,最宽处在东坝头至高村段,近年来河床淤积抬高,该段已形成了"二级悬河",槽高滩低。高村以下河段河道变窄,一级河漫滩也较窄,河漫滩多已开发成良田。

表 1-5 地貌单元划分与特征

地貌单元				展布	特征
一级	二级	三级	四级		
冲积平原 I	冲积平原 I₁	黄河河道 I₁₋₁	河床及边滩	黄河现河道桃花峪至陶城铺之间	地面标高为 93～40 m,河心滩主要位于高村以上河段,该段河床宽浅。高村以下河床逐渐过渡至窄深,心滩、边滩不发育。土体结构上细下粗,上为粉砂,下为中细砂
			河漫滩	展布于黄河两岸大堤之间,桃花峪至陶城铺河段河床两侧	东坝头以上分为两级,以下两侧构基本对称。滩面高为 95～42 m。东坝头以下分为一级,标高为分布有串沟、沙丘,临河洼地,自然堤、生产堤等土体结构上为粉土,粉砂夹粉质黏土,下为粉细砂、中细砂等
			黄河大堤	南岸大堤展布于邙山头以下,北岸大堤展布于孟县以下	由人工夯筑而成。河南段全长 564.46 km,分为险工堤段和平工堤段,前者多构筑石护面、加筑砌石坝,堆,部分堤段修筑混凝土防渗墙。堤顶高程一般为 103～52 m,堤顶超高 3 m,局部达 100 余 m,边坡多为 1:3,个别为 1:2.5。堤防一般按水设防,量洪水设防,按 22 000 m³/s 流量洪水设防,顶宽 9～10 m,堤顶土体多由粉土、粉砂组成的素填土或冲填土,提顶、坡面多为粉质黏土
		冲积扇形平原 I₁₋₂	泛流平地	黄河下游平原大面积分布	地形平坦,由开阔,靠近黄河河道或故河道附近,地面标高一般较高,向洼地或地面平缓倾斜。地面标高一般为 90～45 m,地表土体靠近现河道和决口扇,一般为浅表土体靠近现河道,故河道一般高 1/2 000～1/7 000。靠近洼地一般为粉质黏土;靠近洼地、粉土,一般为粉砂、粉质黏土

续表 1-5

地貌单元				展布	特征
一级	二级	三级	四级		
冲积平原 I	冲积扇平原 I₁	冲积扇平原 I₁₋₂	古河床高地	黄河以北展布在武陟—新乡—滑县—内黄一带,濮阳—范县—台前一带;黄河以南主要展布在考—虞城间的明清故道	一般高出两侧平地 2~3 m,宽窄不等,一般宽 10~20 km,最窄仅 1~2 km。地表多分布有砂丘和砂地,岩性以粉砂和粉细砂为主,古河漫滩有粉土分布
			洼地	主要展布在郑州—东坝头之间的背河侧,新乡—清丰的黄、内黄县—前延津、濮阳—南乐—长垣—封丘一带或附近	地势低洼,水位浅,背河洼地多为湿地、沼泽和鱼塘分布区,岩性多为淤泥质土和粉质黏土,多沿古河床呈不规则长条状,柳青河退水河道和引青黄灌区,由于古河床引黄发育在古河道上,所以土体以粉砂为主,其他洼地分布面积较小
			决口扇	主要分布在黄河现河道和明清故道的两侧	地形一般较外围泛流平地或洼地高,自顶端向前缘微倾斜,较大决口扇门处一般有决口浅层,大部分决口潭已被后期淤平。决口扇上游以粉砂、粉细砂为主,靠近上游还有中细砂,地表有砂丘分布
冲洪积平原 I₂	嵩山山前冲洪积平原 I₂₋₁			郑州—新郑	地面标高 100~150 m,地形西高东低,有起伏,靠山前有冲沟发育,前缘东部有黄土状土。岩性西部为黄土状土,东部为粉细砂分布
	太行山山前冲洪积平原 I₂₋₂			展布在工作区西北部,浚县与内黄县之间	主要由漳河、安阳河冲洪积扇组成,地面标高 50~80 m,西北高,东南低,地貌上以微倾斜平地为主,前缘浅层岩性以黏性土体为主

桃花峪—高村河段,由于河床摆动频繁,所以滩面上常有串沟、自然堤、砂岗、洼地分布,自然堤多分布在一级河漫滩的前缘,而洼地多沿大堤或一级河漫滩后缘展布,串沟多与大堤斜交,沟底与滩面高差一般为 0.5～1.0 m,部分地区还分布有生产堤。

c. 黄河大堤

堤岸是河流地貌的边界,黄河下游郑州铁路桥以下河南段,全为人工堤防所约束。

黄河大堤是人类活动影响黄河的巨大干预工程,东坝头以上河段的堤防最早起自明弘治年间,以后逐步完善至今。东坝头以下河段的堤防是在清咸丰五年(1855 年)铜瓦厢决口改道后逐步在民埝基础上筑起的新堤。新中国成立后,曾四次培修加高始成为现今雄伟的黄河大堤,临黄堤总长 1 370 km(含山东段)。

黄河大堤一般是陆续分期就近壅土夯筑而成的,近年来不断加固大堤,从河床或漫滩上抽沙淤背加宽临黄大堤。根据大堤与主流的关系,把大堤与河水主流间有较宽的漫滩相间隔,通常不受大溜直接冲刷的堤段,称为平工堤段,一般不构筑砌石工程护面。大堤靠溜堤段,称险工堤段,一般加筑有坚固的砌坝、垛作为防护。由于修堤,在大堤两侧多分布有临河洼地和背河洼地,洪水期临河洼地常行洪形成堤河,威胁大堤安全。另外,在黄河河道行洪期间,由于漫决、冲决、溃决、人工扒口而发生的决口泛滥,使下游两岸在堤外侧分布着大量的、规模不等的决口扇,在决口扇顶端,多由中细砂、粉砂组成,扇面上有砂丘分布,较大的决口扇顶端往往有决口潭存在,潭水与地下水连通,二者水位一致,因此这里常是洪水期的重点防御地段。

2)冲积扇平原

黄河冲积扇以孟津县宁嘴为顶点,西北沿太行山麓与山前冲洪积扇交错分布,西南沿嵩山山麓与沙颖河冲积扇衔接,东临南四湖,东西长 355 km,南北最宽约 410 km,总面积达 7.2 万 km²。自黄河贯通以来,形成多期冲积扇,新老冲积扇相互叠置,其中冲积扇的主体主要分布于桃花峪以东(见图1-4),平原区的地表为全新世冲积扇,包括濮滑次级扇、兰考次级扇和花园口次级扇,扇面上除黄河现河道外,还分布着黄河古河床高地、泛流平地、洼地、决口扇等。黄河冲积平原河南部分全部处于黄河冲积扇状平原上。

黄河及黄河明清故道以南,地面平坦开阔向东南微倾斜,地面标高一般为90~40 m。黄河近代沉积的粉砂、粉土沿着几条东南向的泛道覆盖在早期粉质黏土的表面。扶沟、通许、睢县一线西北为冲积扇的顶部,这里紧靠黄河,地面坡度较大,一般为5‰~4‰,黄泛时首当其冲,地面沉积物普遍较粗,多为粉细砂。扶沟、通许、睢县一线东南,周口、柘城、商丘一线西北属冲积扇中部,坡度已减至4‰~2‰,组成物质变细,主要为粉土和大面积泛流砂地。地表分布较多北西—南东向的窄条状淮河支流的河漫滩和树枝状水系,历史上黄泛水流进入冲积扇中部以后,泛流作用大大减弱,泛水归槽,纳入沙颍河、涡河等河流后汇入淮河。东部古黄河泛流较多的地方,因表层土的毛细上升作用,而使土壤盐渍化严重,近年来由于地下水位下降,盐渍化面积减小,局部已消失。

周口、柘城、商丘一线的东南为冲积扇下部,地面坡降变缓,减为2‰~1.7‰。由于泛流平地更远离黄河,受近期黄泛波及的面积最小,地面更平坦,组成物质更细,主要是粉土和粉质黏土。由于地表排水不畅,常有洪涝灾害发生。

黄河以北的冲积扇平原以黄河河道为轴线,向东北倾斜。由于黄河在北部行河时间长,改道次数多,所以这里古河床高地、洼地、泛流平地相间分布。

a. 泛流平地

黄河以南(东部为明清故道以南),除邻河分布的决口扇、背河洼地和北西—南东向的淮河较大支流的窄条状河漫滩外,泛流平地大面积分布,构成冲积扇平原南翼的主体。黄河以北的泛流平地则分布在现河道与古河道之间,决口扇与决口扇之间。分布范围较大的泛流平地主要在原阳—封丘、获嘉—新乡、长垣、滑县、南乐、濮阳、范县等地。

b. 古河床高地

黄河以北分布面积较大,主要呈北东向分布在武陟—新乡东南—滑县—濮阳—内黄一带和金堤河的北侧,其中新乡、卫辉与延津之间,浚县、内黄与濮阳、清丰之间分布的面积较大。古河床高地一般高出平地 2 ~ 3 m,宽 10 ~ 20 km。沉积物以粉砂、细砂为主,经风的吹扬作用形成砂丘,目前多呈固定或半固定状。明清故道是 1855 年铜瓦厢决口改道以前的黄河河道,分布在兰考—商丘以北,古河漫滩平坦开阔,组成物质多为粉砂或粉土,目前多改造成良田。明清故道兰考—商丘段较宽,一般宽约 8 km,最宽达 20 km,高出堤外平地 6 ~ 7 m,大堤、河漫滩、河槽依然清晰。

c. 洼地

洼地主要分布在现黄河及明清故道两侧及其以北,多呈不规则长条状。背河洼地主要分布在花园口—三义寨、原武—封丘现黄河大堤的外侧,地势低洼,因此黄河侧渗常有积水。由于抽沙淤背和引黄放淤,背河洼地面积不断缩小,花园口东和原阳附近有大量的鱼塘分布,有些作为黄河湿地的一部分加以保护。古河床洼地主要分布在现黄河以北的黄河故道和兰考—商丘的明清故道上,其中东汉故道、西汉故道、北宋故道和明清故道上的古河床洼地较明显,该洼地基本上是古河道上的河槽。扇前洼地分布在太行山山前冲洪积平原与黄河冲积平原的交接地带的新乡—卫辉—滑县一带。另外,在兰考—宁嘴、扶沟—周口分布一些北西—南东向或近南北向的槽形洼地,平原上还零星分布有小面积洼地。

d. 决口扇

决口扇是黄河下游一种特有的河流地貌,是河道行洪期间由于漫、冲、溃、扒而发生的决口泛滥事件的遗迹。自前 602 年黄河宿胥(今浚县淇门)决口有史记载以来,历经大改道7次,中小改道26次,决口泛滥1 500余次,每次决溢都会留下大小不等的决口扇。明清以前的决口扇大多被后期改道淤积物所没。目前,从地表能见到的决口扇主要分布在现河道及东坝头以下明清故道的两侧(见图1-6)。

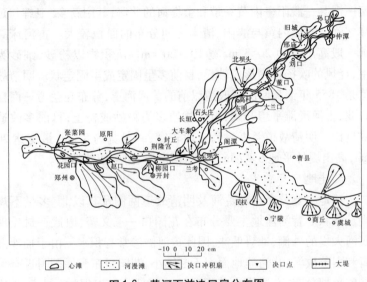

图1-6　黄河下游决口扇分布图

纵观决口扇的分布和规模有以下规律:沁河口至兰考段,决口主要集中在南岸且规模较大,多与河流主槽偏南有关;东坝头至陶城铺段,两岸决口扇均有分布且较普遍,与1855年改道后快速堆积形成大的决口扇、决口扇上先有民埝后形成的大堤薄弱等原因密切相关。决口扇顶部多有深潭或坝分布,深潭多分布在南岸,坝多分布在北岸,凡称坝的地方为非主流决口,背河有大潭的地方为主流决口。决口扇上堆积物颗粒较粗,多由中细砂、粉砂组成,经风的吹扬作用形成砂丘。较大决口扇顶端存在的决口潭,潭水与黄河侧渗水连通,所以这里往往是黄河行洪期间出险的地方。黄河南岸的花园口决口、杨桥决口留下的深潭已被引黄放淤所填平。

2.山前冲洪积平原

只在工作区西部和西北部小面积分布。

1）嵩山山前冲洪积平原

嵩山山前冲洪积平原位于郑州与新郑之间，该冲洪积平原为早期形成，靠山前地表岩性为黄土状土，前缘分布有砂丘、砂岗。区内地形有起伏，向东倾斜，后缘发育有冲沟，地面标高 100~150 m。

2）太行山山前冲洪积平原

太行山山前冲洪积平原位于浚县—内黄西部，大致以卫河为界，其西侧为山前冲洪积平原，主要由漳河、安阳河冲洪积扇组成，区内仅是东南边缘部分。该区地势由西北向东南缓倾斜，标高为 50~80 m。地貌特征以微倾斜平地为主。前缘常超覆于黄河冲积物之上，与禹河故道之间有交接洼地，沿倾斜方向也有一些浅槽状洼地，局部地区古河道形成的波状砂地也较为突出。

第二节　区域地层

黄河下游平原及周边地区属华北地层区。前新生界主要出露于西部的嵩箕山区和太行山区，主要地层岩性为太古界的变质岩系，下元古界的变质岩系，中上元古界的浅变质岩，下古生界的白云质灰岩、灰岩、白云岩、页岩，奥陶系的白云岩、白云质灰岩、灰岩、角砾状灰岩，上古生界石炭系的铝土页岩、铝土矿、黏土岩、页岩、砂岩、灰岩夹煤层，二叠系的砂岩、泥岩、页岩夹煤层，中生界三叠系的砂岩、泥岩、页岩、砂砾岩，侏罗系的砾岩、砂岩、黏土岩、页岩及煤层，白垩系的砂岩、泥岩等。新生界第三系主要出露在山前地区和深埋于平原区之下，主要岩性为下第三系的砂岩、泥岩、泥灰岩、砂砾岩、含油砂岩、油页岩、石膏层，上第三系的砾岩、砂岩、黏土岩、泥灰岩、橄榄岩、火山碎屑岩等。

根据平原区地层的沉积特点,现主要对第四系及其下伏的上第三系由老至新叙述如下。

一、上第三系

该系仅零星出露于山前,主要为河流—湖泊相沉积。岩性为较松散或半胶结状的砂岩、砂砾岩、泥灰岩和泥岩互层;平原区广泛被第四系所覆盖,深供水井、地热井均揭露到该层。据开封附近的石油孔显示,该层发育齐全,自下而上为:

(1)馆陶组(N_g):底板埋深开封 1 685 m,郑州 1 000~1 200 m。下部:褐灰色灰岩、泥灰岩、灰白色钙质砂岩。中部:灰绿色细砂岩及浅灰绿、棕黄色松散砂层,灰白色砾状砂岩夹紫红色泥岩。上部:浅灰色、灰绿色细砂岩夹紫色泥岩,黑色硬煤与浅灰色粉砂岩。据《河南省区域地质志》,该组开封凹陷内厚度 250~915 m,东明断陷内厚度 350~1 096 m。

(2)明化镇组(N_m):厚990 m,其岩性自上而下可分为四段:

①棕红、深棕红显紫色泥岩,砂质泥岩及泥质粉砂岩夹黄白色细粒长石砂岩,粉砂岩,厚390 m。

②褐黄色、微灰绿泥质粉砂岩,灰白色、黄色粉细砂岩与紫红、棕红、灰绿砂质灰岩,泥岩互层,厚150 m。

③棕红色泥岩,砂质泥岩,泥质粉砂岩夹棕红色、灰白色、灰绿色粉细砂岩,厚250 m。

④黄褐色、灰白色长石石英细砂岩,灰绿色、黄褐色泥质粉砂岩夹棕红、褐棕色砂质泥岩,厚200 m。

二、第四系

第四系研究是环境地质研究的基础。对于第四系地层研究的方法很多,目前主要有气候地层学法、生物地层学法、岩石地层学法、磁性地层学法、考古地层学法、年代地层学法。黄河下游广泛分布第四系,20世纪80年代,地质部门采用多种方法对其进行深入研究。本次利用20世纪80年代以来的钻孔资料与其对比,通过综合分析和研究,我们将第四纪下限定在古地磁松山反向时与高斯正向时的分界处,时间为248万年。结合《河南第四纪地质研究报告》及其他研究成果,现将黄河下游的第四纪地层分述如下。

(一)下更新统(Q_p^1)

下更新统黄河下游地区均有分布,厚度较大,一般为80~200 m,坳陷中心厚度大于200 m。成因类型主要为冰水、冲积及冲湖积、湖积等。Q_p^1的代表性剖面为武陟县XK63孔,称之为武陟组,岩性特征见图1-7,黄河下游平原与之对比划分见图1-8。

下段埋藏180~320 m以下,厚度40~80 m。主要岩性为棕红、灰绿色厚层黏土、粉质黏土夹砖红或锈黄色粉细砂,内含较多的混粒土和混粒砂,砖红或锈黄色的混粒结构是本段的标志,成因类型为冰水、冲洪积。

中段埋藏在140~240 m以下,厚度40~80 m。岩性为黄棕、棕、棕红色黏土及粉质黏土夹粗、中、细砂层。黏性土细腻、断面光滑,呈致密块状。砂层分选较好,自西向东颗粒变细,厚度变薄。成因类型以冲积、湖积为主。

上段埋藏在100~160 m以下,厚度50~80 m。岩性上部黄绿、下部灰绿中夹黄棕、浅棕红色粉质黏土、黏土及细、中砂。该层顶部的黄绿色黏土(或粉质黏土)分布非常稳定,且普遍含有豆状大小的铁锰质结核富集层。其下则为钙质结核。明显的混粒结构是本段的标志层。较中段黏性土断面粗糙,砂层分选稍差,其成因类型为冰水、冲积、湖积及河口三角洲堆积。

时 代		层序号	层底深度 (m)	厚度 (m)	柱状图	岩 性 描 述
组	段					上覆地层：开封组(Q_p^{2k})
武 陟 组	上段 (Q_p^{1-3})	27	109.50	2.40		粉土：黄绿色，有钙核，顶为淋滤层，块状构造
		26	122.60	13.10		泥质粉砂：灰黄色，中部见钙胶结层，较松散，局部显有混粒结构
						粉土：灰绿色，含小砾石，D=0.5~2.0 cm，岩性灰岩，见少量钙核
		25	123.30	0.70		含砾砂层：灰色，成份灰岩，D=1~3 cm，含较多钙核，顶见30 cm碳化木
		24	127.00	3.70		泥质粉砂：灰色，较多钙核，D=0.5~2.0 cm
		23	128.40	1.40		
		22	135.71	7.31		泥质粉细砂具薄层粉土：灰、灰黄色，磨圆差、混粒结构
	中段 (Q_p^{1-2})	21	138.90	3.20		粉土：黄灰、蓝灰色，少量钙核，见淤积层
		20	143.20	4.30		粉土：黄灰色，灰绿浸染，少量钙核块，顶淋滤层，底钙核层
		19	149.64	6.44		泥质粉砂：灰黄色，较松散，中部见钙质胶结砂
		18	154.80	5.16		中砂：浅黄、浅灰黄色，底部小砾石，分选磨圆一般
		17	157.20	2.40		细砂：灰黄、棕黄色，有较多钙核
		16	159.20	2.00		粗砂：黄灰色，少量钙核，暗色矿物多，底部细砂，见水平层理
		15	167.90	8.70		粉土夹粉质黏土：灰黄、棕红色，少量钙核，见钙化层及淋滤淀积层
		14	171.60	2.70		粉细砂：灰黄色，较松散
		13	173.50	1.90		中砂：浅灰黄色，暗色矿物多
	下段 (Q_p^{1W})	12	178.20	4.70		粉土：灰黄、浅棕黄色，少量钙核，有锈染，灰绿染及钙化层
		11	181.00	2.80		粉质黏土夹粉砂、粉土：棕黄、灰黄色，锈染，灰绿染，钙化层
		10	190.20	9.20		粉砂：灰色，较松散
		9	193.30	3.10		粉质黏土：灰黄、棕黄色，有锈染，灰绿染，淋滤淀积层，少量钙核块
		8	197.50	4.20		粉土：灰黄色，少量钙块，锈铁绿染，见水平倾斜层理和压裂面
		7	199.00	1.50		粉质黏土：棕黄、黄棕色，油脂光泽，水平层理，块状
	(Q_p^{1-1})	6	207.00	8.00		粉砂：黄灰、灰黄色，成分石英长石，分选磨圆差，显有混粒结构
		5	211.50	4.50		细砂：灰黄色，中颗粒组，分选磨圆差，黑色矿物多
		4	219.50	8.00		细砂：灰黄，暗色矿物多，顶部为黏土
		3	220.40	0.90		粉土：灰绿色，块状构造
		2	221.90	1.50		泥质细砂：棕黄色，含少量钙核，交错层理
		1	223.90	2.00		粉土：棕黄，混粒砂，大量钙核，大量锈染，块状
						下伏地层：新第三系，潞王坟组(N_2^1)

图1-7 XK63孔武陟组地层剖面图

（标高85 m，北纬30°08′，东经113°25′）

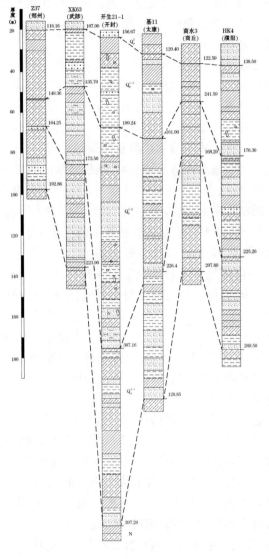

图 1-8 黄河下游平原第四系下更新统(Q_p^1)剖面对比图

从 Q_p^1 的岩性、颜色、结构及孢粉组合可反映出堆积物是在古气候两个冷期夹一个暖期形成的。

(二)中更新统(Q_p^2)

该层厚度较大,一般为 40～60 m,最厚可达 100 余 m。其岩性为一套浅棕黄、棕红、褐黄色夹杂有灰绿染的似黄土状土、粉土、粉质黏土夹厚度不等的中细砂、粉细砂互层,砂层西部颗粒粗、厚度大,向东部变薄、变细,成因西部以冲积为主,向东过渡为冲积、湖积。该层普遍含钙质结核和少量铁锰质结核,具有古土壤层和淋滤淀积层。因受基底构造活动影响,隆起区厚度较坳(断)陷区小,单层薄、色调深,而且上下段间或层与层之间色差也有明显的不同。粉土质结构明显,角闪石含量剧增,微体古生物发现最多,是该层沉积物的最大特点。依岩性特征不同可分为上下两段。总体上看,上段色浅、砂层多,下段色深、砂层少。

Q_p^2 代表性剖面见于开封市开生 21－1 孔,称之为开封组,岩性特征见图 1-9,工作区其他地方与之对比,地层划分见图 1-10。本套地层中孢粉含量丰富,有 32 个属种,可分为两个孢粉组合段,上段为针叶林—草原型,以非稳定矿物为主夹稳定矿物组合段,代表冷的古气候环境;下段为针阔叶林混交林—草原型,为稳定矿物组合夹非稳定矿物组合,代表暖的古气候环境。

(三)上更新统(Q_p^3)

区内普遍分布着黄河堆积物,厚度较大,一般 30～50 m,坳(断)陷中心可达 60 m 以上。该层组成物质颗粒较粗,由于黄河多次泛滥改道,形成巨大的黄河冲积扇,粗粒向前缘达长垣、兰考、太康以东。扇体的中部砂体呈片状大面积分布,分选较好,砂层厚度最大的位置在温县—原阳一线,即现河道的北侧,岩性以中粗砂、中砂、含砾中粗砂、中细砂、细砂等组成。冲积扇体下部为砂层和粉土互层,砂层以中细砂、细砂、粉细砂为主。总体上看,下段砂层较上段细而薄,且土层中钙质结核含量高,局部隆起区下段地层

时代		层号	层厚 (m)	层底 深度 (m)	柱状图	岩 性 描 述
组	段					上覆层:太康组(Q_p^{3T})
开 封 组 (Q_p^{2k})	上 段 (Q_p^{2-2})	16	6.16	82.47		粉质黏土:浅棕到棕红色,含少量铁锰结核,下面见Candoniella.sp (小玻璃介)
		15	5.10	87.57		粉细砂:灰黄色,含少量泥质,中夹亚砂及轻亚砂土,浅锈黄色、灰绿色,下面为淡黄色泥粉砂
		14	4.59	92.16		中、粗砂:灰黄色,顶部为细砂,底部粗砂
		13	9.97	102.13		粉质黏土:棕黄、棕褐色,中部含砸石,具零星铁锰结核
		12	4.95	107.08		粉质黏土:棕红、灰黄色,夹薄层状粉土,塑性好
		11	9.96	117.04		中粗砂:灰黄色,分选好,质纯
		10	5.29	122.33		粉细砂:灰黑色、灰绿色
		9	3.37	125.70		粉质黏土:灰绿色,具锈染及灰白斑,少量钙核
	下 段 (Q_p^{2-1})	8	3.49	129.19		粉质黏土:灰黄、锈黄色,具少量灰绿斑
		7	4.61	133.80		粉质黏土:棕黄、棕红色,含铁锰结核
		6	2.70	136.50		泥质粉砂:锈黄色,灰绿斑,零星砸石及铁锰结核
		5	5.40	141.90		粉质黏土:棕红色,锈黄斑灰绿网纹,有铁锰结核,中间发现ILyocypris affbradyi sars(布氏土星介)及纯净小玻璃介
		4	4.10	146.00		粉土:灰绿、灰黄色,底部变粗,见Candoniella albcans(Brady)、(纯净小玻璃介)Candoniella sp(小玻璃介)
		3	2.30	148.30		粉质黏土:棕红色,下部有灰绿色斑的亚砂土层
		2	5.27	153.57		泥质粉砂:浅灰色,底部为亚砂土,见土星介aff布氏种及Ypinotus omplus Yuanc spnor(大美星介)
		1	3.10	156.67		细砂:浅灰色,见黑色条带,具上细下粗特征

下伏层:武陟组(Q_1^w)

图 1-9 开生 21-1 孔开封组(Q_p^{2k})地层剖面图
（标高 70.5 m,北纬 30°50′,114°25′）

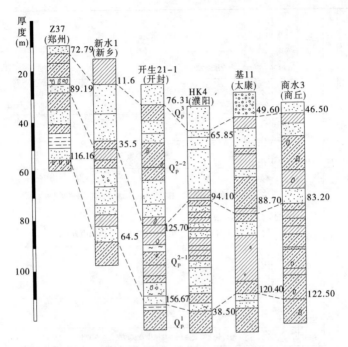

图 1-10　黄河下游平原第四系中更新统 (Q_p^2) 剖面对比图

顶部残留有薄层灰褐色古土壤。Q_p^3 颜色以黄色为主,多呈现灰黄、土黄、褐黄色等,个别地段显棕色。东部的上层为淤泥质砂,下层为黄褐色粉质黏土,黏土夹黄色细砂层,含大量的介形类及腹足类化石,为河湖相或湖沼相沉积层。

　　Q_p^3 代表性剖面建于太康县基 11 孔,称之为太康组,岩性特征见图 1-11。工作区各钻孔与之对比,地层划分情况见图 1-12。纵观整个地层有以下几个特点:①二元结构明显,黄土状土发育,分散钙含量高,砂层富集;②上段主要为土黄、灰黄色具锈染的粉土、粉质黏土与中细砂、粉细砂互层,含较多小钙核;③下段色调稍重,以暗灰、浅黄棕、浅褐黄色为主夹浅黄及灰黄色的粉土、粉质黏土与中粗砂互层,局部含小砾石。

时代		层号	层厚(m)	层底深度(m)	柱状图	岩 性 描 述
组	段					上覆层:濮阳组(Q_p^h)
太 康 组 (Q_p^{3T})	上 段 (Q_p^{3-2})	8	0.90	10.70		古土壤(粉质黏土):褐黄色或棕黄色,锰及灰绿色浸染,多蜗牛碎片,虫洞大孔隙
		7	5.00	15.70		粉土:浅灰色,向下逐渐变粗
		6	4.30	20.00		淤泥质粉土:深灰色,局部灰黑色,富含小钙质结核,含平卷螺化石,底部 C^{14} 18170±204年
		5	7.10	27.10		粉砂:灰黄色,质不纯,含泥质
	下 段 (Q_p^{3-1})	4	4.20	31.30		粉土:灰褐黄色,顶部为古土壤,多根系残洞和大孔隙,锈黄色浸染
		3	5.70	37.00		轻亚砂土:上部浅姜黄色,下部灰黄色,具微层理构造,夹钙质小结核
		2	6.80	43.80		细砂:灰黄色,松散,质较纯,磨圆度较好
		1	5.80	49.60		中砂砾石:浅灰黄色,卵砾石以钙质结核为主,ϕ=0.3~2 cm,最大6~8 cm

图 1-11 太康县基 11 孔太康组(Q_p^{3T})地层剖面

(四)全新统(Q_h)

该套地层在区内较发育。其厚度在隆(凸)起区较薄,一般10~

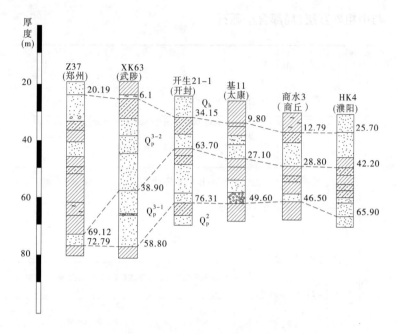

图 1-12　黄河下游平原第四系上更新统 (Q_p^3) 剖面对比图

20 m,其他地区均为 20~30 m,开封凹陷最厚可达 40 余 m。堆积物主要为黄土物质经黄河搬运堆积而成。由于黄河在平原区多次改道泛滥,使堆积物迭复出现,形成一个规模宏大的冲积扇,岩性由灰黄、灰黑、黄灰色的粉土、粉质黏土与厚层粉细砂、细粉砂、局部中细砂组成,形成一较厚的具"二元结构"的旋回层。该层富含分散状钙,不含钙核及铁锰结核,局部有被搬运而来的钙质小砾石,圆度较好,粒径 1~3 cm。本段可见 1~2 层淤泥层或淤泥质层,特别是河间洼地中更明显,见图 1-13、图 1-14。

时代		层号	层厚 (m)	层底深度 (m)	柱状图	岩 性 描 述
濮阳组 (Q$_h^p$)	上段 (Q$_h^3$)	8	4.50	4.50		粉土:灰黄色,松散,多虫孔及孔隙,局部含细砂团
		7	2.15	6.65		淤泥质粉土:灰黑色,软,有臭味,含陶片及蜗牛碎片及植物炭化碎屑
	中段 (Q$_h^2$)	6	3.26	9.91		粉土:灰黄色夹锈染,松散,较粗,具水平层理
		5	1.59	11.5		粉土:黄灰色,向下渐深,较硬,上部多根系残孔,含蜗牛碎片
	下段 (Q$_h^1$)	4	1.00	12.50		淤泥质粉质黏土:深灰黑色,有臭味及完整的平卷螺,C$_{14}$8125$\pm$105年
		3	1.15	13.65		粉质黏土:黄色夹灰条,质均,具薄水平层理,根系残孔和虫孔发育
		2	4.00	17.65		淤泥质黏土:灰黑色,含少量卷螺和蜗牛碎片
		1	8.05	25.70		中细砂:上部黄灰色,下部灰黄色,稍含泥质,分选性较差,下部含蚌和完整的小锥螺
						下伏层:太康组(Q$_p^3$)

图 1-13 HK4 孔濮阳组(Q$_h$)地层剖面图

(标高 52 m,北纬 35°42′,东经 114°56′)

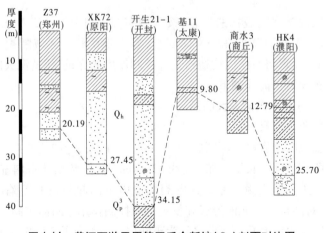

图 1-14 黄河下游平原第四系全新统(Q$_h$)剖面对比图

第三节 区域地质构造

黄河下游广泛分布着新生界,其地质构造格局严格控制着其分布和厚度。不同地质构造单元新生界发育程度不同,一般坳(断)陷区,新生界厚度较大,而隆起区新生界沉积厚度较薄。各地质构造单元多为断裂构造所围限,尤其是大的构造单元,其边界均被深断裂所控制。各种地质研究成果表明,深断裂一般多经历了长期的、多旋回发展演化过程,不但具规模大、切割深、活动时间长且具有多期、性质多变等特点,而且有些至今仍在活动,成为区内主要控震或发震断裂。隆起区相对抬升,坳陷区不断下沉,对区内河流的走向、决口、改道等具有明显的控制作用。因此,对地质构造的研究,尤其是对深大活动性断裂的研究,具有极为重要的实际意义。

一、断裂及其特征

区内基底断裂构造发育,按其展布方向可分为 NE、NNE 向,NW、NWW 向,EW 向和 SN 向四组,多为隐伏状。区域断裂构造见图 1-15,现将对区内构造格局起控制作用的穿黄、邻黄深大断裂的分布及特征简述如下。

(一)北北东向深大断裂

1. 长垣断裂

长垣断裂属聊兰深断裂带西侧的边界断裂,走向北北东,分布在濮阳县清河—长垣一带,长约 130 km。物探及钻孔资料显示,切割古生界至上第三系。此断裂构成内黄凸起与东明断陷的边界,并对两构造单元的形成和发展具有控制作用。断面东倾,倾角50°以上,西盘上升,东盘下降,为正断层。一般落差 2 000 m,最大达 3 000 m。

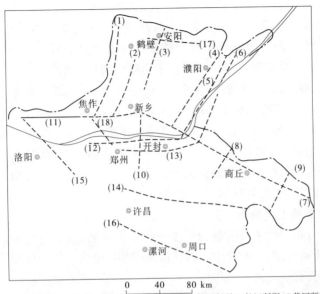

(1)任村—西平罗断裂;(2)青羊口断裂;(3)太行山东麓深断裂;(4)长垣断裂;(5)黄河断裂;
(6)聊城—兰考深断裂;(7)新乡—商丘深断裂;(8)曹县断裂;(9)济阳断裂;(10)原阳断裂;
(11)济源—新乡断裂;(12)郑州—兰考断裂;(13)郑汴断裂;(14)长葛—太康断裂;(15)五指岭断裂;
(16)临颍—沈丘断裂;(17)安阳断裂;(18)郑州—武陟断裂(老鸦陈断裂)

图 1-15　黄河下游区域深大断裂展布图

2. 黄河断裂

黄河断裂位于聊兰深断裂带中间,大体沿黄河呈北北东向展布在濮阳文留、长垣恼里以西一线,长约 150 km,是东明断陷内中央潜伏隆起带和西部凹陷带的分界断裂。断面西倾,倾角 50°以上,西盘下降,东盘上升,为正断层,最大断距近 3 000 m。该断裂对东明断陷内中央潜伏隆起和西部次级凹陷的形成及发展具有控制作用。

3. 聊城—兰考深断裂

聊城—兰考深断裂是深断裂带的主干断裂。走向北北东,为华北坳陷与鲁西台隆的边界断裂,长度约 360 km。据物探及钻探资料分析,东侧缺失中生界—下第三系,厚数百米至千余米的上第三系直接不整合覆于古生界之上,西侧主要为中、新生界,厚达9 000 m以上。断裂附近分布有少量基性和酸性火山岩。重磁呈现为密集梯度陡变带。卫星照片显示清晰的线性影响特征,人工地震表明该断裂已切割到第四系,且在地表有汞气、氦气异常显示。断面西倾,倾角50°～70°,西盘下降,东盘上升,为正断层。断距3 300～8 000 m。据有关资料分析,聊城—兰考深断裂可能形成于燕山期。燕山晚期—喜马拉雅早期强烈活动,并切穿莫霍面,进入岩石圈,控制东明断陷的形成和发展,是中新生代长期活动的岩石圈深断裂,且近期仍在活动。

(二)北西西向断裂

本区分布的代表性断裂为新乡—商丘深断裂,该深断裂带形成较早,活动时期长,对自中元古代以来中朝准地台南缘地质构造发展演化具有一定的控制作用。

新乡—商丘深断裂带:展布在新乡、封丘、兰考、商丘一带,省内长约240 km,该断裂隐伏于第四系之下,总体为一北西西向断裂,与济源—新乡断裂一起构成济源—开封凹陷北界。断面大部分向南陡倾,局部向北陡倾,南盘下降,北盘上升,断距1 000～2 000 m,最大可达6 000 m。

断裂带控制南北两侧中新生代沉积。断裂带及其附近不同地段发育有不同时期的岩浆岩,据钻孔资料,封丘—兰考一带分布有喜马拉雅期的玄武岩、安山岩及酸性火山岩,东部芒砀山一带则发育有燕山期花岗闪长岩、辉长岩等。同时,新乡—商丘断裂带是本省中朝准地台区两种不同方向构造线的分界线,北侧以北北东向或近南北向为主;南侧以近东西或北西西向构造为主。

综上所述,新乡—商丘深断裂带可能在晋宁期以前已经存在,燕山期—喜马拉雅中期活动强烈,且近代仍在活动。断裂带切割莫霍面,属长期活动的壳断裂。

黄河下游地区还有一些深大断裂穿越或邻近黄河,对河流的发育和河道稳定性产生一定影响。如太行山东麓断裂带、郑州—兰考断裂、郑汴断裂、五指岭断裂、原阳东断裂等,其特征见表1-6。

二、构造单元及其特征

黄河下游隶属于中朝准地台的南部,二级分区则为华北台坳的中南部,西为山西台隆、华熊台缘坳陷、嵩箕台隆;东南为鲁西中台隆(见图1-16)。坳陷区地表广被新生界覆盖,仅在边缘地带有基岩零星出露。研究资料表明,燕山运动早期及其以前,华北坳陷与相邻构造单元为统一整体,地质构造特征基本相似。燕山运动以后,西部隆升,本区下沉,形成坳陷。坳陷内燕山运动晚期—喜马拉雅运动早期,由于基底构造及断裂活动影响,作不均衡下沉,形成一系列次级断(坳)陷盆地和断块隆起。以新乡—商丘深断裂为界,以北在太行山东麓深断裂带和聊城—兰考深断裂带控制下,继承了北北东向基底构造线方向,坳陷和隆起均为北北东向,且相间分布,包括汤阴断陷、内黄隆起、东明断陷、临清坳陷、济阳坳陷、埕宁隆起等。新商断裂以南地区,由于近东西向基底构造线方向和断裂影响,坳陷和隆起则多呈东西向或北西向展布,包括济源—开封坳陷、通许隆起、周口坳陷等(见图1-17)。隆起区缺失侏罗纪—早第三纪沉积。坳陷盆地内,则堆积了中生代中晚期陆相碎屑岩和火山碎屑岩,下第三系厚度可达5 000 m以上。早第三纪以后,本区继续大幅度下沉接受沉积,堆积了厚500~1 000 m以上的上第三系、第四系松散堆积物。

现对黄河下游河道发育影响较大的华北台坳、鲁西中台隆的次级构造单元分述如下。

(一)华北台坳

(1)济源—开封坳陷:沿黄河呈近东西向展布,属中、新生代坳陷,南侧为郑汴断裂,北侧为新乡—商丘断裂。中间为武陟凸

表 1-6　黄河下游主要深大活动断裂及特征

断裂名称	分布与规模	产状	与黄河的关系	地球物理特征	其他特征
聊兰断裂	聊城—兰考一带，全长360 km，断距3 300~8 000 m	走向23°~32°，倾向300°，倾角50°~70°，上陡下缓	郓城董口附近穿越黄河	具NE向重磁密集梯度变带；人工地震剖面有显示	汞气测量氡气测量均具异常显示；第四纪地质剖面有错动；多次发生地震，如1937年菏泽发生5.9级地震
黄河断裂	濮阳文留一长垣陈里一线，长约150 km，断距2 000~3 000 m	走向NNE，倾向290°，倾角50°~60°	与黄河平行且相切，距黄河较近	具NNE向磁异常带，重力异常不明显	汞气测量有异常显示。1502年濮城发生6.5级地震，汞气测量有异常显示
长垣断裂	濮阳—长垣—封丘河一线，长达130 km	走向40°，倾向SE，倾角50°~60°，上陡下缓	北东方向与黄河近平行，在封丘东南与黄河西东相交	人工地震剖面控制，NEE向线性磁性异常明显	卫片上有线性显示
太行山东麓断裂	展布于太行山东麓的新乡—安阳以东一线，省内长140 km，断距1 500~6 000 m	走向NNE	南端距黄河较近	具NEE向重力的梯度陡变带；人工地震剖面控制	多次发生地震，如1773年新乡5.5级地震，1978年新乡4.25级地震；沿断裂带有上第三系橄榄玄武岩分布

续表 1-6

断裂名称	分布与规模	产状	与黄河的关系	地球物理特征	其他特征
青羊口断裂	在新乡西北至鹤壁一带展布,长约90 km,影响宽度2~3 km,南距大北小,断距1 000 m以上	走向30°,倾向SEE,倾角60°~75°	距黄河较远	具NNE向重磁密集的梯度陡变带,人工地震剖面控制	为丘陵与平原分界线,沿断裂有上第三系橄榄玄武岩分布
新乡—商丘断裂	新乡—商丘一线,长约240 km;断距1 000~2 000 m,最大6 000 m	走向NE,倾向多变	在东坝头附近斜穿黄河	断裂南北地球物理场差别明显,兰考以东沿断裂成重力梯度陡变带。地震剖面证实	断裂带承压气测量有异常显示;466年虞城6级地震,1737年封丘5.25级地震均与断裂有关
郑汴断裂	开封南—郑州一线,长约90 km。断距>4 500 m	走向近EW,倾向N	在黄河南与黄河平行	地震剖面证实	钻孔证实两侧新生界厚度相差悬殊
曹县断裂	北起山东阳谷,经曹县至河南的睢县南,长190 km,断距>1 500 m	走向NE、NNE、N	于郓城李集东侧穿越黄河		

断裂名称	分布与规模	产状	与黄河的关系	地球物理特征	其他特征
郑州—兰考断裂	沿郑州—兰考间的黄河南岸展布长约120 km,该断裂向西、东可能还会延长	走向 EW	靠近黄河南岸	为磁性正异常与负磁场区之间的分界线	卫片上有明显的线性显示;邙山南坡地貌上有显示,汞气测量有异常显示
五指岭断裂	沿新密市向北西经五指岭至济源之间展布,长 105 km	走向 NE310°,倾向多变	于青龙山附近穿越黄河	航磁异常明显	南东段露头清楚,地貌上嵩山山体做反向扭错
原阳东断裂	沿卫辉—原阳东—中牟一带展布,长约100 km	走向近 SN	中牟赵口附近穿越黄河	航磁正负异常分界线,为重力梯度带,电法有显示	卫片上有显示
济源—新乡断裂	沿太行山南麓的济源—焦作—新乡一线展布,长约180 km,断距6 000~7 000 m	走向近 EW,倾向 S	位于黄河北,平行于黄河	磁场具平直的线性分界带,为重力梯度陡变带	沿断裂带有不同期的岩浆岩分布;和太行山东麓断裂交汇处,近带地震不断发生,地貌上北为太行山区,南为平原

续表 1-6

断裂名称	分布与规模	产状	与黄河的关系	地球物理特征	其他特征
安阳断裂	沿安阳—内黄一线展布,长约70 km,向东可能与汤阴断裂相接,断距6 000~7 000 m	走向 NWW,倾向 S		安阳以西人工地震资料已证实,以东布格重力异常图上有显示	卫片上线性特征明显,地貌上也有所显示
老鸦陈断裂	沿郑州—邙山铁路桥一线展布,长35 km	走向330°,倾向NE,倾角60°~75°	于郑州铁路桥附近斜交黄河	人工地震剖面显示错动到第四系	汞气测量有异常显示,地貌上为黄台原与冲积平原交界处,1974年4月发生2.6级地震

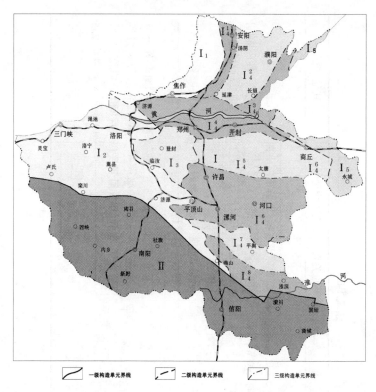

I—中朝准地台；I₁—山西台隆；I₂—华熊台缘坳陷；I₃—嵩箕台隆；

I₄—华北台坳；I₄¹—汤阴断陷；I₄²—内黄隆起；I₄³—东明断陷；

I₄⁴—济源—开封坳陷；I₄⁵—通许隆起；I₄⁶—周口坳陷；I₄⁷—平舆—西平隆起；

I₄⁸—驻马店—淮滨坳陷；I₅—鲁西中台隆；Ⅱ—秦岭褶皱系

图 1-16　河南省构造单元略图

起,西为济源凹陷,东为开封凹陷。受济源—新乡—商丘深断裂长期活动影响,使济源—开封坳陷呈现东西两端深、中间高、南浅北深箕状坳陷(见图 1-18),属中新生代断坳式凹陷。

(2)内黄隆起:为一个北北东向展布的隆起,西为太行山东麓

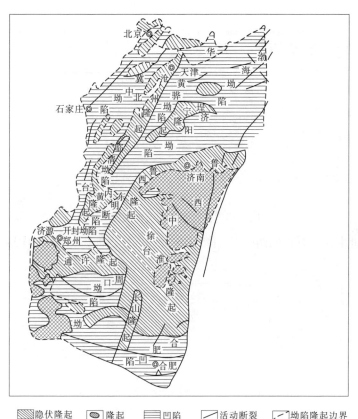

| 隐伏隆起 | 隆起 | 凹陷 | 活动断裂 | 坳陷隆起边界 |

图1-17 华北平原构造单元图

深断裂,东为长垣断裂,隆起内部构造比较简单。

(3)汤阴断陷:为一北北东向展布的地堑式断陷,东为太行山东麓深断裂,西为青羊口大断裂,该断陷活动强烈。

(4)东明断陷:为一北北东向展布的地堑式断陷,东为聊兰深断裂,西为长垣大断裂,断陷内断裂构造发育,构造活动强烈。主要断裂长期活动,控制着东明断陷的形成和发展,并使其呈现次一

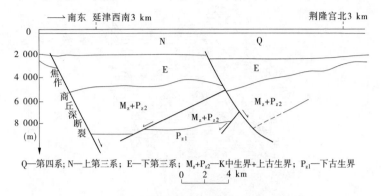

Q—第四系;N—上第三系;E—下第三系;M_z+P_{z2}—K中生界+上古生界;P_{z1}—下古生界

0　　2　　4 km

图1-18　开封凹陷构造剖面图

级北北东向延伸的两凹夹一隆,南深北浅的构造面貌(见图1-19)。

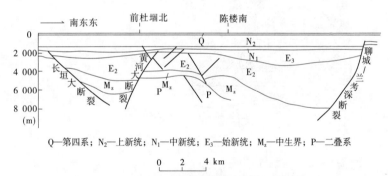

Q—第四系;N_2—上新统;N_1—中新统;E_3—始新统;M_z—中生界;P—二叠系

0　　2　　4 km

图1-19　东明断陷构造剖面图

(5)冀中坳陷:为一北北东向的开阔坳陷,上第三系—第四系厚达2 500 m。

(6)沧州隆起:北北东向展布,主要受东侧沧东活动断裂带控制,隆起上又发育了次级地垒,它们与6级以上强震关系密切。

(7)黄骅坳陷:北北东向延伸,向北转为北东向,向渤海凹陷逐渐过渡。

(8)埕宁隆起:自西向东由北东转为北北西向,为一向北突出的弧形隆起。

(9)临清坳陷:呈北北东向展布,内部有一系列次一级凹陷和凸起。

(10)济阳坳陷:为北东向,呈略向北东凸出的弧形,面积较大,内部由一系列的次一级凹陷和凸起。

(11)通许隆起:为嵩箕台隆之东延,呈东西向展布,是开封坳陷和周口坳陷之间的一个相对隆起区。

(12)周口坳陷:呈近东西展布,坳陷内的断裂活动性较弱。

(二)鲁西中台隆

(1)鲁西隆起:西界为聊城—兰考深断裂;东界为郯—庐深断裂;东北基岩出露,为泰沂山区,主要发育一系列北西向弧形断裂及其控制的断陷盆地;西南部为新生界所覆盖,发育有北北东向活动性断裂,常与东西向断裂相交汇,交汇部位地震活动强烈。

(2)徐淮隆起:是通许隆起以东,合肥坳陷以北的一个相对隆起区,北部构造线主要为北东向,南部与合肥坳陷一致为东西向。

黄河下游河南段主要构造单元特征见表1-7。

沿黄河下游相间分布的更次一级的构造单元是凸起与凹(断)陷。凸起的规模较小,凹陷的规模较大。现黄河河道自西向东穿越的构造单元有济源凹陷、武陟凸起、开封凹陷、兰考凸起、东明断陷、菏泽凸起等。一般说来,凹陷区第四系厚度较凸起区厚。

三、新构造运动

新生代以来,黄河下游平原一直处于沉降过程中,至晚第三纪才全面接受沉积,最大沉积厚度可达 2 700 m 以上。第四纪以来在喜山运动的影响下,其构造活动有增无减,最大沉降幅度达 400余 m,所以新构造运动是控制平原第四系分布的内在因素。

(一)新构造运动的特征与形式

1.新构造运动的差异性

第四纪以来,相对于周边丘陵山区,黄河下游平原处于相对沉

表 1-7　黄河下游河南段主要构造单元特征

单元名称		分布特征	边界与结构	地层特征	地球物理特征
华北台坳	汤阴断陷	呈 NNE 向展布于安阳—新乡、汤阴—濮阳一带，面积约 1 600 km²	青丰口断裂成其西边界，太行山麓断裂为新商边界。东边界浅，内有卫辉、汤阴两个次级回陷	地表广泛分布第四系，汤阴、卫辉一带上第三系零星出露，新生界厚达 3 000 m 以上，之下为一套系	具区北东向重力低值区和负磁场，东、西南三面分别被两条北东向及一条近东西向重力梯度带围绕
	内黄隆起	位于黄河以北的安阳、新乡—濮阳之间，面积约 7 000 km²	其东、西分别以长垣断裂、太行山麓断裂为界，基底为变质岩，核部位于滑县及北以内黄、东为下第三系斜坡	穹隆核部为太古界，东禹南变为太古界，上第三系厚约 500～1 000 m，东、南部边缘发育有下第三系	滑县北为北东向的磁正异常区，滑南变平缓，为磁负异常区
	东明断陷	呈北北东向展布于范县、濮阳、东明、兰考一带，面积约 5 000 km²	其东、南、西面分别以聊兰断裂、长垣断裂，北为临清坳陷相通。断陷内断裂发育，多呈北北东向和北西向断裂起止带在濮阳文留—东明县马厂一带	上以新生界为主，局部回陷第四系内有中生界分布西部 150 m，东部 300 m。新生界厚度 6 000 m，中央起一凸 500 m。第三系中有基性火山岩分布	总体上为北北东向展布的负磁异常和重力低值区，东界有 NNE 向和 NWW 向狭窄重力梯度陡变带
	济源—开封坳陷	沿黄河呈近东西向展布在济源、民权一带，面积约 12 000 km²	北界为济源—新乡—商丘断裂，南界为郑汴陷，武陟—开以西向，近南浅北深，坳陷总体分北，武陟凸起东南为济源、开封凸起两个回陷	坳陷内广为第四系覆盖。第三系分布 9 000 m 以上，中、新生界，第四系厚，最厚达 400 m，基底主要为太古界，第三系下有基性 80～300 m，最厚达	总体为近东西向，北高南低的平缓磁场和重力低值区。北部边界为近东西和北东向西南向重力梯度陡变带

续表 1-7

单元名称		分布特征	边界与结构	地层特征	地球物理特征
华北台坳	通许隆起	呈近东西向展布于尉氏—通许—商丘一带，面积约12 000 km²	南界为长葛—大康断裂，北界为郑许断裂，总体为近东西向的鞍状复背斜，隆台隆起的东延。近东西向、北东向、北西向三组断裂	基底中部为古生界，东、西两端有元古宇、太古宇，其上主要为上第三系和第四系，局部小凹陷内有不厚的下第三系分布。上第三系下第三系厚度400~1 300 m，第四系厚100~200 m	表现为近东西向，东西两端高，中间低的重力高值区和平缓的正磁场区
	周口坳陷	呈北西西向分布于许昌、漯河以东的周口一带，面积约15 000 km²	北界为长葛—大康断裂，南界为鲁山—漯河南断裂。坳陷内断裂较发育，主要为北西西向，次为北东向，可分为鹿邑凹陷、郸城凸起、沈丘凹陷	基底为古生界，之上中新生界最大厚度可达7 000 m以上，其中上第三系第四系厚1 000~2 000 m	重力以负异常为主，正负相间，负异常，重磁无明显梯度
鲁西中台隆	鲁西隆起	绝大部分位于山东省，省内主要分布于范县、台前、虞城、商丘等地丘陵地	西界为聊兰断裂，南界为新商断裂和济阳断裂，北界为齐河—广饶断裂，靠近西部的为菏泽凸起	基底为古生界，之上为上第三系和第四系，厚度200~1 400 m，东薄西厚	重力、航磁以正异常为主，西界为NE重力梯度陡变带

降过程中,但沉降幅度不一,差异明显。从第四系厚度分布(见图1-20)可看出,周边地区沉降幅度小于平原区;平原区南部又小于北部;而同属北部也有差异,一般基底隆起区小,坳陷区大。所以,强沉降区位于开封凹陷和东明断陷中,沉降幅度大于300 m。

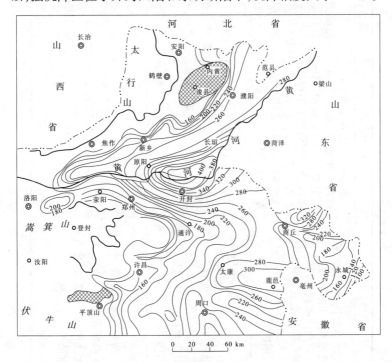

图1-20　区域第四系厚度分布图

　　垂直升降运动不仅造成区域性的抬升、沉降,或沉降幅度的不均,同时也会产生线性变形,形成高角度正断层。断层多发生在下更新统中,个别还错断到中更新统,甚至到上更新统中。如聊兰断裂、老鸦陈断裂等。

　　2.新构造运动的继承性

　　新构造运动的差异性往往是由它的继承性造成的。基底隆起与坳陷的继承性活动,使沉降幅度也相应变化。坳陷区沉降幅度大于隆起区,如东明断陷区的沉降幅度就大于与其相邻的内黄隆起。大量的人工地震资料表明,前述的几条深大活动断裂带的继承性活动使这些深大断裂已切穿第四系下更新统到中更新统或上更新统中,有些派生出多条与之平行的小断裂。以上说明,新构造运动是老构造运动的复活,是在老构造基础上活动的,具有一定的继承性。近期发生的地震活动和地裂缝多在深大断裂附近或交接部位,均与北北东、北西西向和近东西向构造有关。如 1937 年 8月 1 日菏泽 7 级地震与聊兰断裂有关;濮城 1502 年发生 6.5 级地震与黄河断裂有关;1973 年新乡 5.5 级,1978 年 6 月新乡两次发生 4.5 级地震均与太行山东麓深断裂和新乡—商丘断裂有关。

3. 新构造运动的振荡性

黄河下游平原,第四纪以来,基本处于连续沉降的过程中,然而并非等速沉降,而是时快时慢,降中有升,升中有降的振荡过程。从堆积物厚度分析可知,早更新世中期和晚期,中更新世晚期,晚更新世晚期及全新世相对较快,而早更新世中期、中更新世早期、晚更新世早期则相对较慢。第四系中埋藏的古土壤层、风化壳、淋滤淀积层等,也说明了新构造运动的振荡性。

4. 新构造运动的其他标志

新构造运动不仅在构造的继承性,第四纪沉积物厚度上有所反映,而且许多特征在地貌上、水系流向上也有所显示。如青羊口断裂的活动在地表显示出丘陵与平原的分界;老鸦陈断裂的活动在地表有明显的反映,即邙山丘陵与黄河冲积平原以陡坎相接。1855 年铜瓦厢决口转向东北除与洪水和河床淤高有关外,可能还与聊兰断裂活动有密切关系。

(二)地形变特征

据地震地质资料显示,黄河下游地区北东向断裂呈右旋扭动,北西向断裂呈左旋扭动。近年来,不少学者的研究成果和地震勘探成果证实,华北平原的水平运动十分强烈,不少北东向断裂被北西向断裂错开。据丁国喻等人资料,其平均扭动速率一般为 60 ~ 120 cm/ka,是该区垂直运动速率的 2 ~ 10 倍。根据邢台和唐山地震后复测的成果,邢台地震震后水平形变矢量一般为 30 ~ 50 cm,最大达 80 cm 以上。唐山地震震后水平形变矢量一般为 1 ~ 2 m(震中附近),最大达 2.8 m。

1966 年邢台地震以后,华北地区地壳垂直形变为全国重点监测地区,历年来进行过多次重复精密水准测量。沈永坚等,根据 1951 ~ 1982 年的水准成果,应用动态平差法,以北京水准原点为不动点,绘制了华北地区垂直形变速率图,见图 1-21。

从图 1-21 可看出,华北地区沉积中心在天津附近,下降速率超过 - 30 mm/a,而黄河下游地区也有两个沉降中心,一个在郑州—原阳一带,另一个在黄河口一带,垂直形变速率均超过 - 3 mm/a。因此,现黄河河道可分为三段:孟津宁嘴至兰考东坝头段;兰考至惠民河段;惠民至河口段。除了中间河段部分为上升段外,其他两河段均为下降河段。在上升河段,上升速率变化为 1 ~ 2 mm/a,基本与鲁西隆起缓慢上升相吻合。下降河段下降速率变化为 - 1 ~ - 3 mm/a,基本与华北坳陷缓慢下降相对应。

国家地震局测量大队张祖胜等人在收集整理 1951 ~ 1982 年水准测量成果的基础上,以 1976 ~ 1982 年施测的全国新一等水准网为基础,用逆连动态平差法,在假定全国所有水准点垂直运动速率的平均值为零,即全国大陆的升降运动为均衡的基础上,进行整体平差,以全国整体平差结果为控制,进行了加密计算,绘制了"华北地区地壳现今垂直形变速率"等值线图(见图 1-22)。图 1-21 与图 1-22 虽局部有差异,但总趋势是相同的,即沿郑州、新乡、邯郸、衡水、天津方向,以区域整体下降为主,且沿该方向下降速率有增大的趋势,这与黄河历史上在此方向上行河时间最长有关。

从整体上看,华北地区的地形变具有新构造活动的继承性,

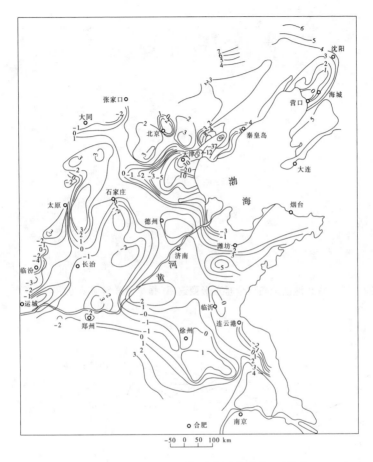

图 1-21　华北地区 1951～1982 年垂直形变速率　（单位:mm/a）

（据沈永坚资料）

但具体到不同地段,又有不同的活动性。

图 1-23 是黄河北岸—邯郸垂直形变图,从图上可看出安阳相对于新乡、邯郸总的趋势是上升的,其中形变梯度最大的地段位于卫辉—新乡以及磁县—邯郸之间。

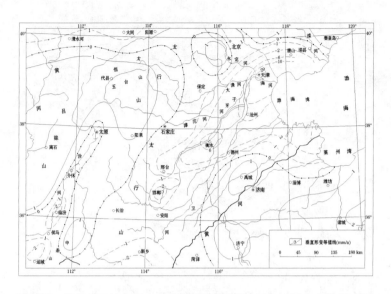

图1-22　华北地区地壳现今垂直形变速率（据中国岩石圈动力学地图集）

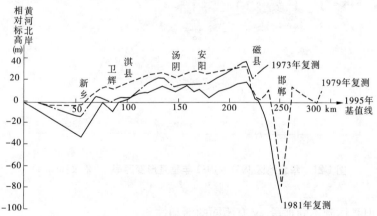

图1-23　黄河北岸—邯郸垂直形变图

　　图1-24中的测线跨聊兰断裂的中南部。该断裂西侧的东明县东北前梨园附近是断裂上盘（东明断陷）下沉幅度最大的地方

（近万米）。从图 1-24 上可看出,北西侧仍在继续下沉,形变速率为 28.3 mm/a,是目前黄河下游形变速率最大的地点,也是聊兰断裂上下两盘高速下沉与逐渐上升的差异运动剧烈的部位(马国彦等,1997)。

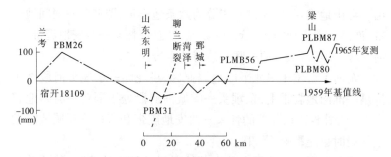

图 1-24　黄河下游右岸兰考—梁山垂直形变图(据马国彦等,1997)

　　另外,根据黄河水利委员会沿黄河下游大堤及附近的水准点重测资料得出的垂直运动变形速率进行分段,保合寨—花园口段以下降为主,花园口堵口纪念碑处下降速率为 2.7 mm/a;花园口—东坝头段以上升为主,上升速率为 0.1 ~ 12.4 mm/a,兰考附近上升速率最大;四明堂、前黄集至堡城段,有升有降,升降速率为 +6 ~ −6 mm/a;堡城、东赵堤至董口、彭楼段,以下降为主,运动速率为 + 1.1 ~ −15.4 mm/a;该段是菏泽断裂、黄河断裂和聊兰断裂通过的地段,为聊兰断裂的上盘(下降盘);董口、彭楼至孙口段,该段左岸下降,最大下降速率达 − 14 mm/a,右岸上升,最大上升速率 16.7 mm/a,两岸运动速率差达 30.7 mm/a;孙口至陶城铺段,以上升为主,左岸弱、右岸强,左岸最小上升速率 1.6 mm/a,右岸最大上升速率 17.5 mm/a,二者相差 15.9 mm/a。

(三)地震活动特征

　　地震是现代地壳构造活动的重要表现形式,其活动性受控于本区分布的活动断裂,多沿断裂带或不同方向主干断裂的交汇部位,或主干断裂与派生支断裂的交汇部位发生。

1. 地震分区和分带

黄河下游属于华北地震区,该区是我国东部主要地震活动区之一,可分为三个亚区,即华北平原地震亚区、山西地震亚区和阴山—燕山地震亚区,又进一步分为六条地震带,即邢台—河间地震带、许昌—淮南地震带、营口—郯城地震带、怀来—西安地震带、三河—滦县地震带、五原—呼和浩特地震带。

黄河下游位于华北平原地震亚区,桃花峪—东坝头河段处于许昌—淮南地震带上,东坝头—陶城铺河段处于邢台—河间地震带上(见图 1-25),邻近的怀来—西安地震带和营口—郯城地震发生强震时也能影响到该区。

华北地震区是我国大陆东部地震活动较强的地区,其活动强度大,但与西部地震区相比,频度较低,所以属地震活动中等的地震。从图 1-26 可看出,华北地震区 $M \geq 7$ 级的强震带和震中全部分布在秦岭北带及其以北,均为浅源强震,震源深度一般为 5 ~ 30 km。

2. 强震震中分布及活动分期

由图 1-25、表 1-8 可知,黄河下游强震震中主要分布在邢台—河间地震带和许昌—淮南地震带。其中,1900 年以来发生的震级大于 4.5 级的地震多发生在邢台—河间地震带。据《河南地震历史资料》,区域强震等震线长轴优势方向为 NNE、NE 和 NWW,说明在现代构造应力场作用下 NE、NNE 向断裂是主要控发震构造,NWW 向断裂则是重要的发震构造。

在邢台—河间地震带上,NNE、NE 向的太行山东麓深断裂带、聊兰深断裂带、束鹿凹陷的边界断裂、沧东断裂等,NWW 向的新乡—商丘断裂、菏泽断裂、大名断裂、衡水断裂等均为控发震断裂,震级大于 4.5 级的震中多分布在上述断裂带附近。

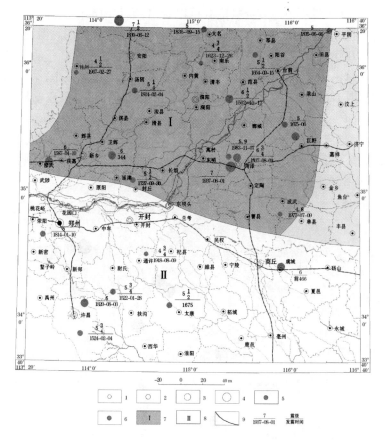

1—M = 4.5 ~ 4.9;2—M = 5 ~ 5.9;3—M = 6 ~ 6.9;4—M≥7.0;

5—1900 年以前地震震中;6—1900 年以后地震震中;

7—邢台—河间地震带;8—许昌—淮南地震带;9—地震带界线

图 1-25　地震震中分布图

在许昌—淮南地震带上,根据震中分布规律分析,历史强震多发生在坳陷与隆起的交界断裂上;NNE 或 NE 向与近 EW 向断裂的交汇部位;重力梯度带边缘并为活动性隆起或凹陷区。

从大量历史地震资料记载可以看出,华北地震区的地震活动在时间上呈不均匀分布,既有活跃期,也有相对平静期。据统计,自 1000 年至今,华北强震大体经历了 4 个活跃期:第一活跃期(1011～1076 年)地震主要分布在山西和华北平原地震带;第二活跃期(1209～1368 年)地震主要集中在山西地震带;第三活跃期(1484～1730 年)地震在各带均有活动;第四活跃期(1815 年至今),地震多发生在华北平原、辽宁带北段和阴山燕山一带。其中,第三活跃期又分 9 幕,第四活跃期又分 7 幕,时间对照见表 1-8,黄河下游历史破坏性地震见表 1-9。

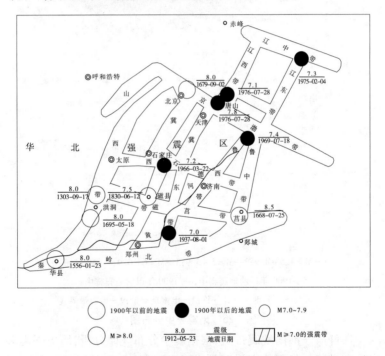

图 1-26　华北地区浅源强震及 M≥7.0 的强震带分布图

表 1-8　华北第三、四地震活跃期分幕时间对照

活跃期	幕	时间	活跃期	幕	时间
	1	1484～1487 年		1	1815～1820 年
	2	1497～1506 年		2	1829～1835 年
	3	1522～1538 年		3	1855～1862 年
	4	1548～1569 年		4	1880～1893 年
三	5	1578～1597 年	四	5	1909～1923 年
	6	1614～1642 年		6	1929～1952 年
	7	1658～1683 年		7	1966～1978 年
	8	1695～1708 年			
	9	1720～1730 年			

表 1-9　黄河下游历史破坏性地震统计

编号	地震日期	震中位置 （北纬,东经）	烈度, 震级	地震破坏情况
1	前 466 年	河南虞城 （N34.4°,E115.9°）	Ⅷ,6	周贞定王三年,晋空桐震七日,台舍皆坏,人多死
2	344 年	延津县西北 （N35.3°,E114.8°）	Ⅷ,6	延津:已地震,水波上腾,津所殿观,莫不倾坏,压死者百余人
3	1502 年 10 月 17 日	范县濮城 （N35.7°,E115.3°）	Ⅷ,6.5	范县濮城:坏城垣,民居倾坏者千余,井水溢,平地有开裂,涌水出沙,压死百余人,连日地震,动摇泰山远及千里。范县:有声如雷,坏民庐舍。朝城:倾圮庐舍,人多压死。观城:坏官民庐舍。堂邑:地震有声如雷,民多压死者

编号	地震日期	震中位置 (北纬,东经)	烈度, 震级	地震破坏情况
4	1522 年 1 月 28 日	河南鄢陵与洧川之间 (N34.2°,E115.3°)	Ⅷ, 5.75	鄢陵:室如舟仄,树指拂地,屋仆者相望,一夜震百余次,旬日始宁,乾明寺砖塔铁顶堕地。洧川:坏民舍居。许昌:地大震,前后四十余日方止
5	1524 年 2 月 4 日	河南临颍张潘店 (N33.8°,E113.9°)	Ⅷ, 5.75	张潘店:民舍多倾覆,被者无数,民野宿,连震半月方止。扶沟:地震,有声如雷,屋瓦皆落。郾城:地大震,轰然若雷,屋瓦皆震动,人大恐。太康:地震,有声如雷
6	1587 年 4 月 10 日	河南修武东 (N35.3°,E113.5°)	Ⅷ,6	修武:摇塌城垛、鼓楼、碑亭、房舍无数。卫辉:城堞摧圮,屋宇动摇。辉县:有声如雷,城堞摧圮,屋宇动摇。开封:城堞摧圮。长垣、延津、封丘、原阳、武陟、孟县、温县均震
7	1622 年 12 月 26 日	山东郓城南 (N35.5°,E116°)	Ⅷ,6	郓城:墙屋皆仆,地裂泉涌。巨野:县城垛口、垣墙翻覆过半。肥乡、朝城、菏泽、东平、聊城、邹平、惠民、平阴均震。河南东部的州县均是波及区
8	1623 年 12 月 26 日	河南南乐	Ⅵ, 4.75	南乐县城东隅倾城数丈
9	1654 年 9 月 15 日	山东朝城	Ⅷ,5.5	朝城:池水荡漾,城堞摧圮。河南范县、濮阳、虞城等地均震

编号	地震日期	震中位置 (北纬，东经)	烈度， 震级	地震破坏情况
10	1668 年 7 月 25 日	山东莒县—郯城间 (N35.3°，E118.6°)	Ⅶ，8.5	山东、河南、河北、浙江、江苏及山西、陕西、江西、福建、湖广诸省同时地震，山东郯城、莒县、临沂受灾严重，豫东也受到严重影响。莒县：官民房屋、学署、寺庙、监库、牌坊、城垣俱倒，周围百余里无一存屋。马蓍山崩四散，五庐固山劈一半。城内四乡遍地裂缝，或宽1尺至3尺长数丈至数百步，裂处皆百步，裂处皆翻土扬沙，涌流黄水，压死二万余人。虞城：房屋倒坏无数，城东间有压死人者。兰考：声如奔马，房屋倾倒无数。长垣：地大震。范县：房屋多圮
11	1675 年	河南太康 (N34.1°，E114.8°)	Ⅶ，5.5	太康：地震，官署民舍倾者甚多
12	1737 年 9 月 30 日	河南封丘西北 (N35.5°，E113.8°)	Ⅵ，5.5	封丘：房颓无算，人多露宿。新乡：伤损屋角。获嘉、滑县、辉县、山西高平、长治均震
13	1814 年 2 月 4 日	河南汤阴、浚县之间 (N35.8°，E114.4°)	Ⅶ，5.25	震中：各村庄朽旧瓦房、草房坍塌各100间。汤阴压死4人，伤数十人。武陟及山东寿张、阳谷、郓城均震
14	1820 年 8 月 3 日	河南许昌东北 (N34.1°，E113.9°)	Ⅷ，6	震中区许昌东北乡坏民居无数，计受灾169村，共震塌瓦房9100余间，草房16940余间，压死430余人，伤590余人。武陟、开封均震

编号	地震日期	震中位置 （北纬,东经）	烈度, 震级	地震破坏情况
15	1830 年 6 月 12 日	河北磁县西 （N36.4°,E114.2°）	X, 7.5	冀豫之交,同日大震,磁州彭城为最。平地坼裂,涌出黑白之水,水尽继以沙,沙尽继之于寒气,漳滏两河干涸见底。城垣、全廨、监狱、衙署、民房均坍塌,大桥皆崩,伤毙者甚多。范县:地大震,其声如雷,楼垛多坼。长垣:地动,屋瓦皆震。菏泽、曹县:房屋摇荡,人有压死。郓城:墙屋倒塌
16	1835 年 6 月 6 日	山东平阴 （N36.3°,E116.4°）	VI,5	墙屋倾颓,南街有一楼塌去一半
17	1814 年 1 月 10 日	河南荥阳贾峪 （N34°34′,E113°27′）	VI,5	荥阳贾峪:地震、庙宇颓崩。武陟:有声如雷,屋宇动摇
18	1918 年 8 月 9 日	河南通许 （N34.5°,E114.5°）	VI, 4.75	震中区房屋有倒塌
19	1937 年 8 月 1 日 04:35:48	山东菏泽 （N35.2°,E115.3°）	IX,7	极震区内房屋几乎全部倒塌,地裂普遍,宽者 1 m,人畜有陷落者,涌黑水及流砂,死 390 余人,伤者更众。面积约 82 km² 。菏泽房屋倒塌 30%,东明倒塌 20%。河南浚县、汲县、林县、安阳、民权、开封、汤阴、淇县、清丰、兰考、濮阳、长垣等县是破坏区

编号	地震日期	震中位置 （北纬，东经）	烈度，震级	地震破坏情况
20	1937 年 8 月 1 日 04：35：48	山东菏泽 （N35.3°，E115.2°）	Ⅷ，6.75	山东菏泽：破坏情况以县北吴油房、朱楼、大马庄、玉堂一带较重，房倒屋塌，破坏在一半以上，地面裂缝、喷水冒砂，影响区同上，为上次余震
21	1978 年 6 月 5 日	河南新乡 （N35°21′，E113°55′）	4.5	楼房摆动强烈，坑水起浪，房顶屋架吱吱作响，普遍掉灰土泥皮，少数平房倒脊，错裂砖柱，个别老朽房屋轻度破坏。辉县、汲县城关有房屋破坏
22	1983 年 11 月 7 日 05：09	山东菏泽 （N35.4°，E115.1°）	Ⅷ，5.9	极震区波及菏泽、济宁 11 个县市，死伤 4 886 人，塌房 6 万余间。黄河大堤有蜇裂现象
其他				对本区有重大影响的邻区强震有：1516 年 1 月 23 日陕西华县 8 级地震；1695 年 5 月 18 日山西临汾 8 级地震；1920 年 12 月 16 日宁夏海原 8.5 级地震；1966 年 3 月 8 日河北隆尧 6.8 级地震；1966 年 3 月 22 日河北宁晋 7.2 级地震；1969 年 7 月 18 日山东渤海 7.4 级地震

黄河下游所处的华北平原地震亚区，自公元前 70 年至今共记载到强震 89 次，其中 6 级以上地震 25 次，最强一次是 1688 年郯城莒县 8.5 级地震。尤其是第四活跃期 1820 年至今，6 级以上地震达 16 次，7 级以上地震 6 次，1966 年以来地震活动出现了新的高潮，10 年内连续发生 4 次 7 级以上地震。

豫北地区位于邢台—河间地震带的南段,近年来小震不断,未来有发生强震的危险性。根据发震构造带的分布,以下几个区段地震危险性更大:①范县—朝城危险区;②安阳—汤阴危险区;③南乐—清丰—濮阳危险区;④新乡—焦作危险区。1990 年国家地震局的中国地震烈度区划图将上述地区均划为Ⅶ~Ⅷ度区。

第二章　黄河下游地质环境及其演化

第一节　岩相古地理特征

一、早第三纪

在第三纪之前,山区与平原的轮廓就已解体形成。自始新世开始,区域地壳进入强烈活动状态,断块运动成为区域构造的主要形式,产生了若干断块山和断陷湖。山体走向在平原北部为北北东;南部则呈近东西向。通许隆起以北的湖泊间相互连通,而与南部周口湖相隔离。当时为湿热气候条件,雨量充沛,山区剥蚀产生大量碎屑物质搬运到湖盆中沉积,形成了一套紫红色河湖及湖沼相砂砾岩、砂岩、泥岩组成的堆积物。东明断陷濮阳一带厚度约4 000 m,汤阴断陷鹤壁新区厚度约940 m,而内黄隆起和通许隆起无沉积。

二、新第三纪

新第三纪盆地普遍坳陷下沉,湖水浸漫全境,仅内黄隆起孑立若干孤岛,沉积了一套河湖相的蓝灰色砂岩、砂砾岩与紫红、灰绿色泥岩互层。堆积厚度开封坳陷中的开封市1 900 m,原阳为2 500 m;东明断陷中的长垣1 800 m;内黄隆起中的濮阳为900 m;太康隆起中的通许为100 m。至第三纪末湖盆萎缩,形成大面积的湖积平原。

三、第四纪早更新世

在太行山和嵩山东麓形成冲积扇堆积倾斜平原,由近山河流及冰碛、冰水堆积而成,见多层泥砾层分布。今黄河出口冲积扇范围不大,只到达开封西,湖泊退缩到濮阳、兰考、太康西一线以东,到商丘东的地势低洼地带,广泛分布湖相、河湖相堆积。地形从温县向东,到开封、长垣最低,由0 m降至−100 m,向东北、东南方向倾斜,东北濮阳一带−80 m,东南鹿邑一带−60 m。

四、中更新世

早期气候由冷变暖,山区地壳抬升,河流侵蚀加剧,山前冲积扇发育。孟津以上的河谷已溯源侵蚀小浪底上游的石井河流域。中更新世末,黄河雏形已经形成,黄河冲积扇初具规模(见图2-1)。冲积扇北抵大名(冀),南达杞县,东越开封。河道带更加发育,呈放射状向东北、东、东南方向延伸。河湖洼地相对缩小,只在南部睢县—商丘—夏邑的低洼处分布。

鲁西山前的冲积扇和河道带到达台前、虞城、永城等地。

平原地形见图2-2,自武陟(标高40 m)向东倾斜,开封洼地−20 m,东北濮阳、南乐(−40 m)最低,东南商丘−10 m。在郑州西邙山台地开始堆积风成黄土,厚70 m。

五、晚更新世

在晚更新世初期,气候湿热,又是一个河流侵蚀期,溯源侵蚀,打通了分割三门峡盆地与垣曲盆地的分水岭。至此,黄河方真正得以贯通三门峡东流,挟带从黄土高原侵蚀下来的大量泥沙东流入海并将泥沙堆积到下游平原。黄河冲积扇体范围达到最大,如图2-3所示,扇南翼前缘已达安徽淮南—蚌埠,冲积—湖积相和沼泽相分布在其前缘洼地;北翼超过河南内黄、清丰、山东聊城、鄄

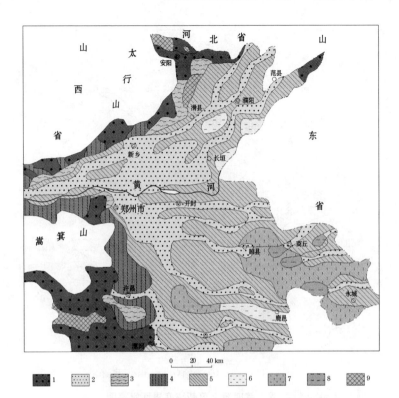

1—冲积—洪积扇相;2—黄河冲积扇及河道带相;3—扇前洼地相;

4—黄土状土堆积;5—河间带相;6—河间洼地相;7—浅湖相;

8—河口三角洲相;9—剥蚀区

图 2-1　中更新世早期岩相—古地理略图

城、东明;东翼到达曹县、定陶附近。从砂层堆积的厚度和宽度看,
黄河河道带的主流方向以东北为主,其次为东南。平原地形(见
图 2-4)从武陟(90 m)向东北和东、东南方向倾斜,南乐(15 m)、
台前(10 m)一带最低,商丘永城(15 m)较低。

郑州邙山堆积风成黄土厚度 80.7 m,堆积速度从晚更新世初
期显著增大,最大堆积速率 247 cm/ka。这也从另一个侧面佐证

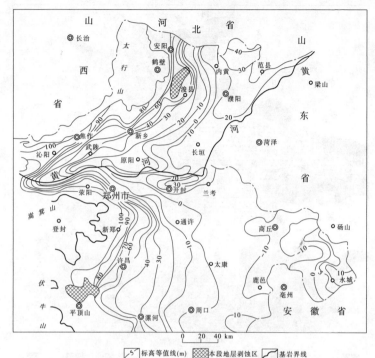

图2-2　第四系上更新统底界面标高图

了黄河在晚新世初大约于130 kaBP前后开始通过三门峡东流,给下游环境带来巨大变化。

六、全新世

整个平原区表现为以河流冲积为主的岩相古地理环境,河道带之间分布有沼泽洼地(见图2-5)。

黄河冲积扇的扇体受太行山山前冲积物向前推进的影响,造成扇体向东南延伸。其范围大体在孟津—温县—武陟—新乡—长垣—开封—兰考—杞县—通许—尉氏—郑州一带。

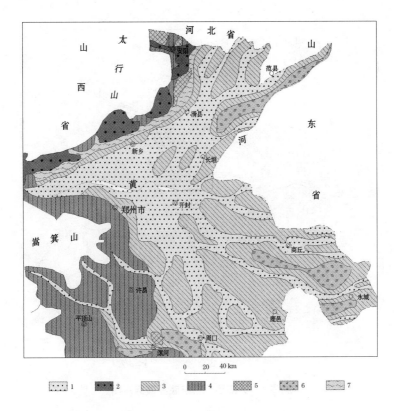

1—黄河冲积相及河道带相;2—冲积—洪积扇相;3—河间带相及扇上洼地相;
4—黄土状土;5—剥蚀区;6—沼泽洼地相;7—扇前(间)洼地相

图2-3 晚更新世早期岩相—古地理略图

　　由于黄河堆积速度大于沉降速度,导致扇体不断增高。扇体的中上部形成了今日平原由西向东北、东、东南方向倾斜的地形。河道带以东北流为主,其次为东南流。

　　全新世华北平原尚残存有许多湖沼洼地。据6世纪《水经注》记载有5 000余个。北部有文安洼、白洋淀、大陆泽、黄泽、鸡

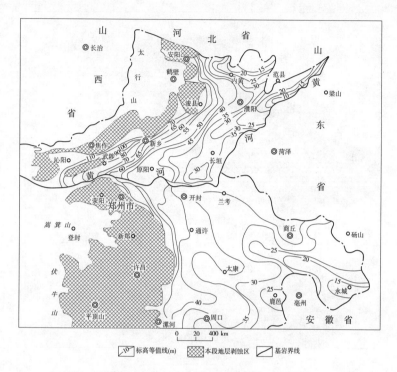

图 2-4　第四系全新统底界面标高图

泽等,南部有荥泽、圃田泽、逢泽、菏泽、大野泽等。由于泥沙淤积
而先后消失。如战国时位于郑州以东的圃田泽,是黄河下游鸿沟
水系的巨大调节水库,《水经注》记载的范围仍跨中牟、阳武两县,
东西长 20 多 km,南北 10 km,元、明时演变为沼泽,清中以后已淤
平。大野泽原在今山东巨野县东北,古时为济、濮二水所汇,唐代
时南北长 150 km,东西宽 50 km。后因水系变迁北移,成梁山泊,
宋时尚绵亘 100 多 km。金以后黄河南徙,逐渐淤平。

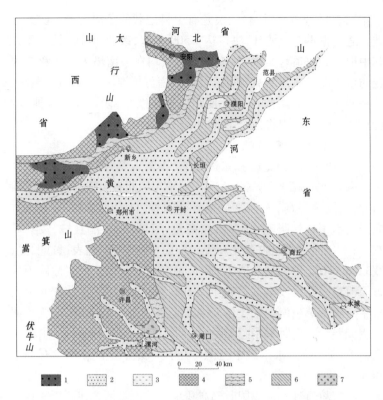

1—冲积—洪积扇相;2—黄河冲积扇及河道带相;3—河间洼地相;
4—剥蚀区;5—扇前(间)洼地相;6—河间带相;7—沼泽洼地相

图 2-5 全新世岩相—古地理略图

第二节 史期黄河演化

一、黄河河道变迁

黄河下游首次可考而有记录的洪泛事件发生于前 2297 年。最早记述的河道是《尚书·禹贡》描述的禹河。前 602 年(周定王五年)宿胥(今浚县淇门)之决是有史料记载的黄河的第一次大迁徙。之后据不完全统计,决口达 1 500 多次,改道 26 次,见表 2-1。其中形成大改道有 5 次,其改道决口点均在河南境内。其泛滥决迁的范围北可达海河流域,注入渤海;南可抵淮河流域,进入黄海,几乎遍布华北平原,如图 2-6 所示。黄河以"善淤、善决、善徙"的特点闻名于世。现将几个主要的故道简述如下。

(一)禹河故道

《尚书·禹贡》记载:"东过洛汭(洛河入黄处),至于大伾(今浚县南),北过降水(今漳水),至于大陆(河北省大陆泽),又北,播为九河,同为逆河,入于海。"据野外调查,自武陟城北,沿北东方向经获嘉丁村。照镜、新乡市东南角、卫辉城东、滑县城、浚县城东,由大伾山往北经内黄北高堤、楚旺一带出境。地表遗迹明显,宽3 ~ 6 km,高出两侧平地 2 ~ 4 m,最高达 5 m 以上。岩性同现代黄河河道一样为浅褐黄色粉土、粉砂。我们曾在获嘉县古河道粉砂中所夹灰黑色淤泥采样作 C14 测定年龄为 4 400 aBP,应为禹河故道无疑。大禹时采用疏导法,"高高下下,疏川导滞"(《国语·周语下》),河流"水由地中行"(《孟子·滕文公下》)沿途有湖泊相连,并且为多股散流。

禹河故道到春秋战国时已淤积变为地上悬河。在西周时代就有了堤防。河水多次泛滥,并且各诸侯国互相攻伐时,多次决口以水代兵。终于"定王五年(前 602 年)河徙,则今所行非禹之所穿也"(《周谱》),这是黄河第一次大改道。

(二)西汉故道

前 602 年,河决浚县宿胥口(今淇河、卫河合流处),东行漯川(古河道名),经今滑县、浚县、濮阳、内黄、清丰、南乐、大名、馆陶、临清、高唐、德州、沧州,在黄骅西南入渤海。西汉时贾让曾说:黄河下游有连贯堤防始于战国。那时齐与赵、魏以河为界,各距河25 里修筑大堤,堤距 50 里,宽立堤防,使洪水有了一定约束。至

表 2-1　黄河 26 次改道简表

序号	改道时间	改道地点	流经地区
1	前602年（周定王五年）	宿胥口（今淇河、卫河合流处）	东行漯川（古河道名），经滑台（今河南滑县）、戚城（今河南濮阳西南），成平（今河北交河县南），至章武（今河北沧县东北）入渤海
2	前132年（汉武帝元光三年）	瓠子（今濮阳西南）	东南流向山东巨野，经泗水，注入淮河
3	前109年（汉武帝元封二年）	馆陶沙丘堰	自沙丘堰向南分流为屯氏河，与大河并行，流经临清、高唐、夏津一带，在平原以南流入大河
4	前39年（汉元帝永光五年）	灵县鸣犊口（今高唐南）	水流东北，穿越屯氏河，在恩县以西分为南北二支：南支叫笃马河，经平原、德县、乐陵、无棣、沾化入海；北支叫咸河，经平原、德县、乐陵之北入海
5	11年（王莽始建国三年）	魏郡（今南乐附近）	流经今河南南乐、山东朝城、阳谷、聊城、临邑、惠民至利津入海
6	955年（周世宗显德二年）	阳谷	在阳谷决口后，分出一条支河，名叫赤河，流经大河（即王景治河后的河道）以南，在长清以下又和大河相合
7	1020年（宋真宗天禧四年）	滑州（今滑县东）西北天台山和城西南岸	经澶（今濮阳）、濮（山东濮县）、曹（山东菏泽南）、郓（山东泽南）一带，入梁山泊，向东流入泗、淮

续表 2-1

序号	改道时间	改道地点	流经地区
8	1034 年 （宋仁宗景祐元年）	澶州 （今河南濮阳）横陇埽	流入赤河，至长清仍入大河
9	1048 年 （宋仁宗庆历八年）	澶州商玼埽	向北直奔大名，进入卫河，流经今馆陶、临清、景县，东光、南皮，至沧县与漳河汇流，从青县、天津人海
10	1060 年 （宋仁宗嘉祐五年）	魏郡第六埽	与原河道分流，奔向东北，经南乐、朝城、馆陶人唐故大河的北支，合笃马河，东北经乐陵，无棣人海
11	1081 年 （宋神宗元丰四年）	澶州小吴埽	水西北流，经过内黄，流入卫河
12	1128 年 （宋高宗建炎二年）	今浚县、滑县以上地带	经延津、长垣，东明一带入梁山泊，然后入泗、淮
13	1168 年 （金世宗大定八年）	李固渡 （今滑县沙店镇南）	经曹县、单县、萧县、砀山等地，至徐州人泗，汇入淮
14	1194 年 （金章宗明昌五年）	阳武	经延津、封丘，长垣、兰考、东明，萧、砀河道
15	1286 年 （元世祖至元二十三年）	原武、开封	水分两路向东南而下：一支经陈留、通许、杞县、太康等地注涡入淮；一支经中牟、尉氏、洧川、鄢陵、扶沟等地，东南由颍入淮

续表 2-1

序号	改道时间	改道地点	流经地区
16	1297年（元成宗大德元年）	杞县蒲口	水直趋东北，行200多里，在归德横堤以下和北面汴水泛道合并
17	1344年（元顺帝至正四年）	曹县白茅堤和金堤	流至今山东东阿，沿会通运河及清济河故道，分北、东二股流向河间及济南一带，分别注入渤海
18	1391年（明太祖洪武二十四年）	原武黑羊山	经开封城北折向东南，过淮阳、项城、太和、颍上，东至正阳县，由颍河入淮河
19	1416年（明成祖永乐十四年）	开封	经亳县（今亳州）、涡阳、蒙城，至怀远由涡河入淮河
20	1448年（明英宗正统十三年）	原武和荥泽（今郑州附近）孙家渡	北股由原武决口向北直抵新乡柳树，折向东南，经延津、封丘、濮阳抵聊城、张秋，穿过运河合大清河入海；中间一股在荥泽孙家渡决口，漫流于原武、阳武，经开封、杞县、睢县、亳县入涡河；南股也是从孙家渡决口，流经洪武二十四年老河道，入于淮河
21	1489年（明孝宗弘治二年）	开封等地	决口后，水向南北，东三面分流。一支经尉氏向东南合颍河入淮；一支经通许合涡河入淮河；一支与贾鲁河会道平行，至归德分流合涡河入淮河；一支自原武趋阳武，封丘，至山东张秋入秋运河；一支由开封翟家口东出归德，直下徐州，合泗水入淮

序号	改道时间	改道地点	流经地区
22	1509 年（明武宗正德四年）	曹县杨家口、梁靖口	流经单县、丰县，由沛县飞云桥入运河
23	1534 年（明世宗嘉靖十三年）	兰封赵皮砦	经兰考、仪封、归德、睢县、夏邑、永城等地，由淮水入淮河
24	1558 年（明世宗嘉靖三十七年）	曹县东北	水溢单县段家口，至徐州、沛县分为六股，俱入运河至徐洪；另外又由砀山坚城集赵郭贯娄，分为五小股，也由小浮桥汇徐洪
25	1855 年（清咸丰五年）	兰阳（今兰考）铜瓦厢	溜分三股：一股由曹县赵王河东注（后淤）；另两股由东明县南北分注，至张张秋受运河后复合为一股，夺大清河入海，以后北股又淤，南股遂成干流
26	1938 年（民国 27 年）	郑州花园口	经尉氏、扶沟、西华、淮阳、商水、项城、沈丘，至安徽进入淮河

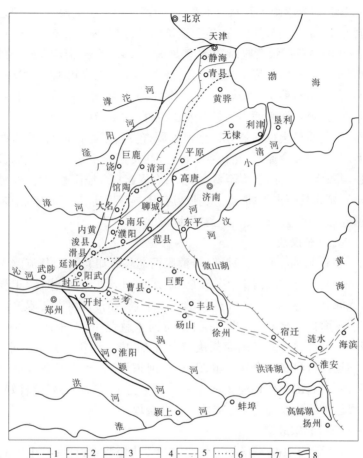

图 2-6　黄河历代河道变迁略图

1—禹河故道；2—西汉故道；3—东汉及唐代故道；4—宋代北流及二股故道；
5—明清故道；6—金元泛道；7—1938年花园口决口泛道；8—现行河道

西汉时为进一步发展生产，沿河两岸群众与水争地，在宽广滩地上层层筑堤，围护田园，堤距逐渐缩窄，堤防有了修守，形成固定河道。到西汉末年河患不断，终于王莽始建国三年(公元11年)河决魏郡(在今濮阳市西),改道东流,为黄河第二次大改道,此河道行河613年。经野外调查,地表遗迹明显,走向为北北东向,宽10余km的多条带状高地,高出两侧地面1.5~2.5 m,河床质砂经风吹扬形成北东向延绵不断的砂丘,高3~4 m。左大堤称"古阳堤"新乡县一带有残留,堤基宽30 m,顶宽6 m。中大堤在原阳—张固堤、滑县老城、濮阳西南一带有残留,基宽20 m,高出背河5~6 m。黄河水利委员会徐福龄等根据河堤调查资料复原古道为:北堤西起今河南武陟余原村,经新乡秦堤、汲县大张庄、浚县了堤头、内黄县马集、大名苏堤、曹堤至黄金堤上;右堤起自今原阳磁固堤,经黑羊山、延津县新丰堤、胙城、滑县沙店、浚县三道庙、濮阳卢寨、南东近德固、大名金滩镇、山东冠县尹固以北。

(三)东汉故道

公元11年,黄河在魏郡(今濮阳西北长寿津)决口,其流路大体是经濮阳、范县、清丰、阳谷、聊城、禹城、临邑、商河、惠民,于利津入海。长寿津以上仍行西汉故道。王景治河,自河南荥阳至山东千乘海口,修筑了千里大堤,使黄河水就范,直至宋庆历八年(1048年),黄河从濮阳商胡决口北徙,形成黄河第三次大改道。此河道计行河970余年。濮阳以下,河道漫滩,河床形态残留较好。河道高出两侧地面2 m左右。其左堤在山东莘县残留较好,右堤已被培修成现黄河之遥堤——北金堤。

(四)北宋故道

行河近千年的东汉故道到北宋初年决溢频繁,且多发生于濮阳、滑县之间。1048年河决商胡埽(今濮阳清河头),向西北经清丰、内黄、南乐西出境,过河北大名与山东聊城之间至天津入海,史称北宋北流。1064年河决魏第六埽(今南乐县梁村一带)分了一支汊流即北宋东流,又名二股河。此后北流、东流交替行河,直到北宋灭亡,计行河80年。

据调查,商胡故道地表遗迹清晰,即是现在濮阳到清丰的猪龙河。其古河床、漫滩沙地极易辨识。

（五）明清故道

南宋建炎二年（1128 年），开封留守杜充，为抗金兵，在滑县李固渡决河南泛，从此黄河夺淮入黄海，这是一次人为大改道。之后由于政局不稳，河无定道，直到明弘治八年（1495 年）为保漕运，在黄河北岸加修遥堤，从胙城到江苏丰县即太行堤。1546 年以后开封至砀山修建南岸堤防，1570 年以后经潘季驯"束水攻沙"治河方略的实施，到万历年间已全面整修完善了郑州以下两岸堤防，使黄河归于一槽，结束了分流局面。这条河道行经今郑州、中牟、开封、兰考、商丘、虞城、曹县、单县、丰县、沛县、砀山到徐州合泗入淮，由宿迁、泗阳至涟水下云梯关注入黄河。明清时期，黄河决口较多，河道淤积严重。至咸丰元年（1851 年）黄河在丰县蟠龙集决口，入昭阳、微山二湖，屡决屡堵达四年之久，口门以下到徐州河段淤塞，行洪不畅，当咸丰五年（1855 年）洪水盛涨之际，于河南兰考铜瓦厢险工冲决，夺山东大清河由利津入渤海，原来的老河道称为明清故道，计行河 723 年。

（六）现行河道

桃花峪到东坝头长 136 km 为明清时的黄河河道，北岸修堤于1494 年，南岸修堤于 1572 年。东坝头以下为 1855 年铜瓦厢决口改道后形成的河道，1877 年开始修堤。现在的大堤是在旧有堤防和民埝的基础上逐步加修而成的，东坝头以上的堤防已有 500 多年的历史，东坝头以下的堤防也有 120 多年的历史。临黄大堤长1 371 km，堤防高度右岸一般 8～10 m，左岸一般 9～11 m，最高 14m，临河滩面与背河地面高差一般 3～5 m，最大 10 m。

二、河道变迁的影响因素

黄河下游河道变迁，受地质、地理、河流地貌、河床演变和人为作用等各种因素影响。

（一）河道淤积抬高的必然结果

黄河流域面积 75 万 km^2，其中黄土高原面积 58 万 km^2，处于干旱、半干旱气候区，在 7、8、9 月暴雨集中时段内，黄土侵蚀强烈，人类活动加速了侵蚀的发展，黄土高原大部分地区的侵蚀模数平均每年达 3 700 kg/km^2，平均每年输沙量高达 16.3 亿 t，年平均含沙量达 37.6 kg/m^3。进入下游平原后，河流比降渐减，流速降低，河床宽浅，泥沙大量淤积，平均每年有 4 亿多 t 泥沙，而且多数又是粒径大于 0.05 mm 的粗泥沙，沉积在下游河道里，造成下游河床不断淤积抬高，形成高悬在平原上的"地上悬河"，河床越淤越高，行洪排沙能力下降，必然导致决口改道。

（二）地质构造活动的影响

黄河下游古河道多北流或东流行河于北部裂谷沉降带，并且沉降幅度北部大南部小，因而符合河流特征，相对稳定，行河时间长。南流多系人为改道，流经断块隆起区，为异向流，行河不顺，河势紊乱，河患不断，行河时间不长，如图 2-7 所示。

当河流穿行活动断隆时，河道猝然收缩，河床窄狭，形成"门坎"或"瓶颈"，行洪排沙不畅，必然在上段强烈断陷区的宽河带滞洪淤积，河床迅速抬升。

历史上，下游黄河所发生的四次自然大改道，其决口部位均位于裂谷断隆带边缘；宿胥口决口位于内黄凸起南段西缘；魏郡和商胡埽决口位于内黄凸起段东缘；铜瓦厢决口位于菏泽凸起西南角边缘，并且都发生在与北西西活动断裂的交汇带上，因北西西活动断裂为压剪性，水平错动强烈，不仅发生垂直变形，而且还有水平位移，从而更加危及河道稳定，如图 2-8 所示。

（三）人为作用

1. 筑堤束河、固定流路加速悬河形成

大约在战国时期，人类生产力水平明显提高后（以铁器使用为标志），就开始在黄河两岸修筑堤防。王景治河修千里堤，固定

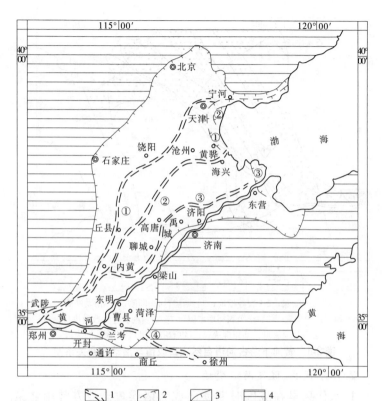

1—黄河古河道：①禹河故道；②西汉故道；③东汉故道；④明清故道
2—渤海海岸线：①商末周初时岸线；②西汉时岸线；③东汉时岸线
3—裂谷 4—隆起

图2-7　晚全新世晚期以来黄河下游古河道发育与裂谷构造关系图

黄河流路千余载。明末潘季驯治河以后，筑堤之风大盛，以至于清代"河官习气，不知有河，唯知有堤"。筑堤防洪、排水排沙入海是数千年及至当今人们的主要治河措施。这固然解决了黄河一时自由泛滥的问题，但也使得泥沙局限于河道内堆积而加速形成地上悬河，人为增大了黄河决口泛滥的潜在危险。

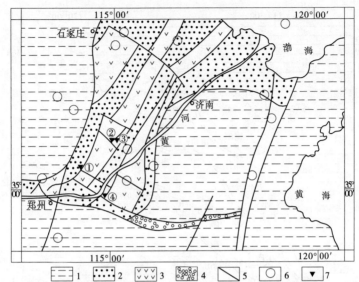

1—隆起；2—裂谷槽地；3—断隆；4—断陷；5—活动断裂；
6—地震震中位置(震级≥6级破坏性地震)；7—古黄河自然大改道决口地点；
①宿胥口决口，②魏郡决口，③商胡埽决口，④铜瓦厢决口

图2-8 黄河下游古河道自然决口改道与活动断裂关系图

2. 以水代兵、促发河道变迁

以水代兵早在战国时期就已成为诸侯攻击敌方常用之策。
1128年杜充为阻金兵南下，在李固渡决河，黄河夺泗入淮成为黄
河变迁史上一次重要的人工改道事件。1938年6月国民政府为
阻日西犯，扒开花园口大堤，使得黄河循贾鲁河入淮达9年之久。
另外，豫北黄河左岸最大的两个决口扇就是土匪在1913年和
1933年分别在双合岭、石头庄扒堤而致的。

3. 综合施治、河水安澜50余载

新中国成立后，在逐渐形成的"上拦下排，两岸分滞"的治黄
策略指导下，黄河中上游相继修建了一系列水利工程，下游也三次
加高两岸大堤，兴修了大量的护滩、控导工程，基本归顺了中水河

槽,使得黄河出现 50 多年伏秋大汛安澜无恙的历史少见的局面。

第三节　主要环境地质问题及演化

环境地质问题的产生和发展,除受自然地理、地质环境条件影响外,人类活动的作用日益重要。黄河冲积平原地区与黄河演化有关的环境地质问题主要有:饱和砂土震动液化、土壤盐渍化、土地沙化和浅层地下水资源超采等。

一、饱和砂土震动液化

(一)可液化砂土的地质地貌背景

郑州—开封—民权以北,焦作以东的区域内,地震基本烈度大于或等于Ⅶ度,具备液化的地震动力背景。该区内 15 m 以内均是黄河全新世泛滥堆积的粉土、粉砂、细砂、粉质黏土等。粉砂、细砂一般为松散—中密状态;粉土的黏粒含量为 6% ~ 11%,呈稍密至中密状态($e = 0.65 ~ 0.96$)。所以,从土的类型与性质看具备震动液化的物理条件。区内扇形洼地、背河洼地、古河床洼地等地貌单元内地下水埋藏深度小于 6 m,以 2 ~ 3 m 为多。此类埋藏条件有利于产生砂土震动液化。

在上述区域内,松散的饱和粉土、粉砂、细砂在黏性土覆盖层小于 6 ~ 8 m 时则会产生震动液化。

(二)可液化砂土分布及其不良影响

根据标贯试验及颗分成果,对区域饱和砂土的液化可能性及液化进行判定,其结果是:郑州市东北部、新乡市东南部等地的饱和粉土、砂土具轻微液化(ILE = 3.6 ~ 4.7);现代黄河两侧背河洼地的饱和砂土普遍有中等至严重液化。其中,原阳、开封、范县、台前等地的背河洼地一带有严重液化的可能(ILE = 20 ~ 50);封丘、濮阳境内背河洼地有中等液化可能(ILE = 6 ~ 12)。在背离河道方向上,随着距离的增大,液化程度有逐渐减弱的趋势,详见图2-9。

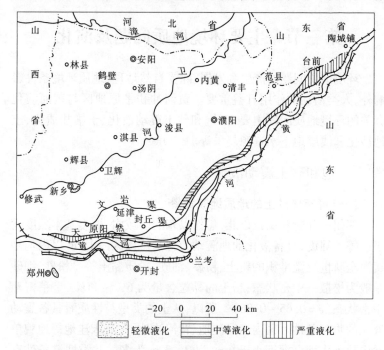

图2-9 饱和砂土液化程度分布图

饱和砂土震动液化,会导致建筑地基变形,产生不均匀沉降,危及建筑物正常使用。黄河背河洼地的饱和砂土震动液化发生强烈地震时,会产生喷水冒砂而使大堤遭受破坏,当大堤浸水时可能导致溃堤。

二、土壤盐渍化

(一)土壤盐渍化现状及地质地貌环境

在适当的地形地貌、气候、地下水、土壤性质及人类活动等背景下,盐分不断由地下水面向上迁移并富集于土壤表层的过程称土壤盐渍化。其结果使得土壤盐分富集,严重者形成盐渍土。

黄河冲积平原地区盐渍化主要发生在以下地区:新乡、获嘉东南的黄河冲积扇缘洼地;现代黄河两侧的背河洼地;延津、内黄、民权、兰考、商丘等地的古背河洼地;柘城、宁陵、鹿邑一带的决口扇间、扇前洼地。另外,开封县、杞县一带由于不适当的引黄灌溉也有大量次生盐渍化现象。

20世纪60年代,区域盐渍化最为严重,面积达1 116.3万亩。近年来,由于区域地下水位下降、耕作方式改善及人工治理(如沿黄一带稻改)等原因,区域土壤盐渍化面积大大减小。据统计,20世纪90年代初,全省土壤盐渍化面积仅剩100余万亩,且主要分布在现黄河两侧背河洼地,其他扇间扇缘洼地还有零星斑状分布(见图2-10)。

垂向上,土壤盐渍化主要集中在表层2 m深度内,最深可达4 m,并有向深部逐渐减弱之势。

土壤盐渍化危害表现为三个方面:一是土壤浅部富集盐碱,影响农作物对土壤养分的吸收,轻则缺苗断垄,重者颗粒不收;二是盐渍化严重的形成盐渍土,降低地基强度,影响建筑物的正常使用;三是盐渍化导致地面潮湿,造成不利的室内生活环境。

(二)土壤盐渍化形成条件

土壤盐渍化受自然和人为作用双重影响,有利于盐渍化发展的条件有:

(1)气候干燥,年降水量小于蒸发量。

(2)地形相对低洼,排水不畅。

(3)浅层地下水水位埋深小于4 m,水力坡度平缓(<0.5‰),矿化度较高。

(4)土壤岩性以毛细上升高度大的粉土、粉质黏土为主。成壤作用差,有机质含量低。

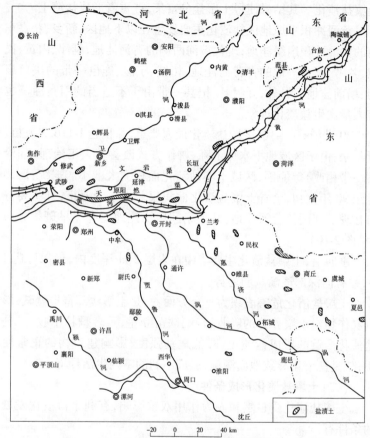

图 2-10　区域盐渍土分布图

（三）区域盐渍化发展趋势及治理对策

总的来说,随着区域浅层地下水位下降及人工治理工作的加强,区域盐渍化面积将大大减少。据自然条件及人为条件变化预测:未来盐渍化将由原生、次生并存型向单一原生型转变,且其面积仍将大大缩小。黄河两侧背河洼地的侧渗带将是未来盐渍化的主要区域。周口、柘城、永城一带的盐渍化会随着地下水位下降及耕作方式改良而逐渐减弱乃至消失。

对于黄河背河洼地的盐渍化治理应调整种植结构、改旱地为水田,引黄压盐,并注意及时退水,如原阳、开封、郑州等地就取得了明显效果。

对于豫东南平原的盐渍化应采取以下方式治理:

(1)井灌压盐;

(2)挖沟排水、疏浚沟渠;

(3)深耕细作。

三、土地沙化

(一)土地沙化及其成因

土地沙化是在具有一定的沙物质基础和干旱大风动力条件下,由于人为活动与资源环境不相协调所产生的一种以风沙活动、土地干旱贫瘠化为标志的环境退化过程。

本区土地沙化是由于黄河在桃花峪以东地区历经多次决口、改道留下了大面积沙地,再经风的吹扬形成大量新月形或浑圆状活动的沙垄,沙丘不断侵占良田,恶化生态环境。

另外,引黄沉沙也会在灌区渠首等地产生局部土地沙化。

(二)土地沙化现状

与砂质堆积地貌部位相对应,区域土地沙化主要发生在新乡、卫辉、滑县、浚县、内黄、新郑、兰考、民权等地的古河道带,开封、中牟、尉氏、兰考、封丘等地的决口扇上部等地区。据统计,20 世纪60 年代沙化面积约 2 000 万亩;后经治理多数沙丘已经固定,沙荒面积逐渐减少,至 1994 年尚有近 200 万亩未得到根治。现主要零星分布在下列地区:浚县、内黄、兰考等地的古河道带;中牟、原阳等地的决口扇上部;开封袁坊到三义寨的黄河二级滩地上;引黄灌渠清淤堆沙带。

(三)抑制土地沙化的措施

由于土地沙化的基本因素——气候干旱化,现在还很难控制。因此,要彻底消除土地沙化是十分困难的。应采取如下治理措施抑制其发展,改善生态环境:

(1)植树造林,防风固沙。

(2)返耕还林,农林间作,加强灌溉。

四、区域地下水位降落漏斗扩张引发的环境地质问题

(一)区域地下水位降落漏斗的形成

近20年来,随着工农业的发展和人口的增长,地下水开采量不断增加,在重点开采区,形成了一些区域性地下水位降落漏斗(见表2-2)。由于城市集中开采地下水形成的降落漏斗形状多不规则,开采强度大,如郑州、开封等降落漏斗;农业开采地下水较集中的区域,一般形成较缓而规则的降落漏斗,如内黄、滑县、清丰等地的地下水位降落漏斗。

表2-2　区域地下水位降落漏斗一览表

漏斗名称	漏斗中心位置	面积(km²)	中心水位埋深(m)
郑州	郑州燕庄	225	32.98
开封	开封制药厂	104.5	14.26
安阳—鹤壁—濮阳	中原油田指挥部	5 648	30.65
商丘	市区	656	18.81

郑州、开封等漏斗地处黄河冲积扇的上部粗粒带,含水介质及富水性较均匀,主要是由于集中强力开采地下水而形成的。濮阳、商丘漏斗位于冲积扇稍下部位,内黄、清丰东部一带的漏斗位于冲积扇前缘,含水介质粒度较细,厚度也小,空间分布不均,富水性差,由于农业井灌开采程度较高,此地形成了区域性地下水位降落漏斗。

(二)由水位下降引发的环境地质问题

区域地下水位降落漏斗的形成一般是激发侧向补给和越层补给量增大的一种代偿现象。但漏斗扩张过快和面积过大往往是由于过量开采地下水,使地下水系统运动失调所致。因此,大的区域地下水位降落漏斗常引发一些不良的环境地质问题。

(1)区域地下水持续下降导致集水建筑物水量衰减,甚至地下水资源衰竭,如清丰、内黄一带曾因区域水位下降而发生浅井失效的现象。

(2)因改变地下水流场,使部分浅层地下水水质恶化,如清丰、内黄等地就发生过水质恶化的现象。

(3)漏斗持续发展使土层渐渐被疏干,导致土层失水压密固结,从而发生地面沉陷。开封漏斗范围内的Ⅲ01 监测点,在 1954～1989 年的 36 年间沉陷量达 242 mm,这也是由于过量开采地下水造成的不良环境地质现象。濮阳市地下水位下降也造成了地面沉降。

因此,为遏制和防止区域地下水位降落漏斗所引发的不良环境地质现象的发展,就要加强地下水资源的开发、利用和保护的调查、研究及规划管理工作,使地下水资源的开发利用进入良性循环轨道,发挥更大效益,避免地质环境的恶化。

第三章 河道带环境地质特征

第一节 主要穿黄、临黄断裂的活动性

区内断裂较多,均呈隐伏状。对黄河悬河稳定性影响较大的是穿黄、临黄活动性断裂。这些断裂在以往工程地质调查、地震地质、石油地质等成果中均有反映,但很多位置差异较大,并且多反映在前新生界中的位置,第三纪以来断裂的活动性研究较少。本次工作重点对聊兰断裂、长垣断裂、黄河断裂、新商断裂、郑州—兰考断裂、原阳东断裂、老鸦陈断裂等采用遥感解译、地貌水系调查、汞气测量、氡气测量、人工地震等手段,结合资料的收集分析与整理,研究断裂位置、产状、活动性等特征。

一、北东及北北东向断裂

(一)聊城—兰考断裂

聊城—兰考断裂为聊兰断裂带的主干断裂和华北坳陷与鲁西台隆的边界断裂,长度约 360 km。据地震、钻探资料分析,东侧的菏泽凸起上缺失中生界—下第三系,上第三系直接不整合覆于古生界之上。西侧的东明断陷中分布的中新生界厚度达 9 000 余m。断裂带有基性和酸性火山岩分布。在航磁图上,断裂为不同磁异常的分区界线,北西侧航磁场以负异常为特征,磁异常线延伸以北北东向为主,等值线稀疏,为大面积异常值较低的磁异常体显示埋藏较深的特点。南东侧则以正异常为主,异常值较高,等值线较密集,出现许多小异常区,显示磁性埋藏较浅的特点。南段,磁异常线呈密集的梯度带,而北段则穿越不规则的低异常区,显示了

基底断裂的分布特征。重力场特征,沿断裂为北北东向重力陡变带分布,该带宽约 10 km,异常值 10～20 gal,其中南段大于北段。梯度带东西侧分别以布格重力正异常和负异常为主。另外断裂两侧地壳厚度也有明显变化,西侧薄,东侧厚。

　　为了确定断裂的地表位置及其活动性,原黄河水利委员会勘测规划设计研究院在黄河以南进行了汞气测量、氡气测量和浅层地震,三种手段吻合性较好。图 3-1、图 3-2 分别为东明耿庄和鄄城董口附近的土壤气汞分布图,实际测得气汞异常区宽度达 180 m。图 3-3、图 3-4 分别为东明耿庄北—前张楼,鄄城同堂—小屯的土壤气氡异常图。探测结果显示,异常段宽度均达 90 m,且与气汞异常在位置上接近。图 3-5、图 3-6 分别为鄄城董口和兰考憨庙的浅层地震剖面及地质解译剖面图。浅层地震资料的分析与解译,不仅证实了聊兰断裂的存在,还说明该断裂第四纪仍在强烈活动。从图中可看出,该断层已切穿晚更新世地层,且为高角度正断层,倾向北西,自下而上断距变小,其在早、中、晚更新统中的断距分别为 63 m、25～31 m、15～17 m,断裂位置与基底断裂相近,更证明了新构造的继承性活动。另外,新生界等厚线、第四系等厚线、大堤附近的水准测量资料均说明了聊兰断裂的存在和活动性。

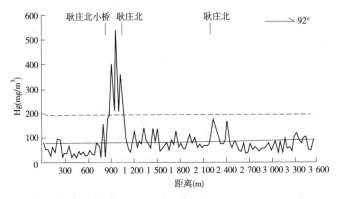

图 3-1　东明耿庄测线土壤气汞分布图(据王学潮等,2001)

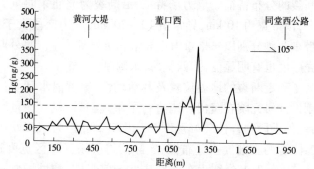

图 3-2　鄄城董口南测线土壤气汞分布图（据王学潮等,2001）

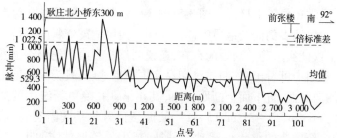

图 3-3　东明县耿庄北—前张楼测线土壤气氡异常分布图

（据王学潮等,2001）

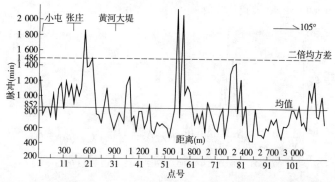

图 3-4　鄄城同堂—小屯测线土壤气氡异常分布图（据王学潮等,2001）

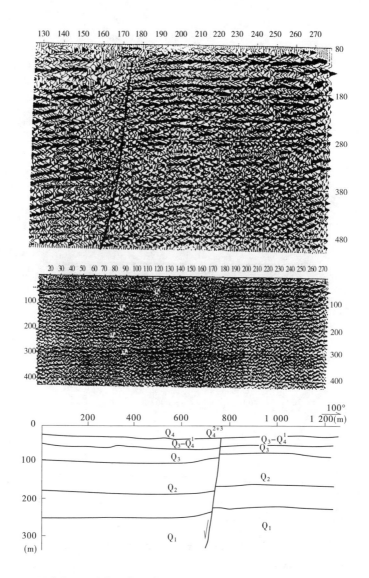

图 3-5　鄄城董口浅层地震剖面(上、中)及地质解译(下)图

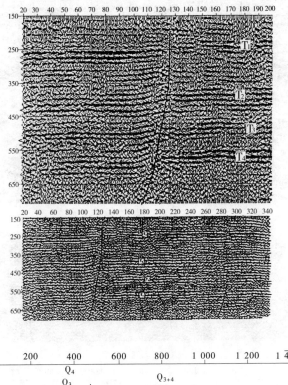

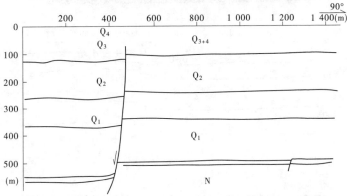

图 3-6　兰考憨庙浅层地震剖面(上、中)及地质解译(下)图

采用各种方法确定的聊兰断裂在地表的分布见图3-7。

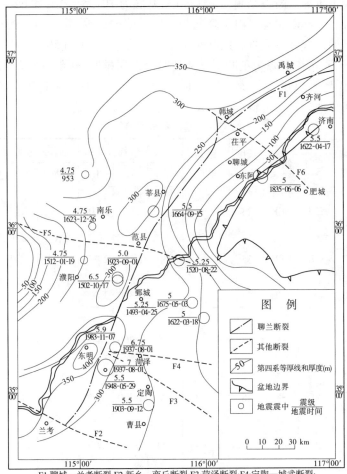

F1:聊城—兰考断裂;F2:新乡—商丘断裂;F3:菏泽断裂;F4:定陶—城武断裂;
F5:安阳—范县断裂;F6:茌平—肥城断裂

图3-7 聊城—兰考断裂及邻近断裂分布图(据王学潮等,2001)

(二)长垣断裂

该断裂为聊兰断裂带的西界断裂,分布在濮阳县清河—长垣一带,长度约 130 km。断裂西侧为内黄隆起的东南缘斜坡带,基底为古生界。断裂东侧为东明断陷,基底为中生界,之上有下第三系分布。此断裂构成内黄隆起与东明断陷的边界,并对两个构造单元的形成和发展具有控制作用。该断裂东倾,倾角 50°以上,西盘上升,东盘下降为正断层。从切割原地层推断,断距一般 2 000 m,最大达 3 000 m。原石油部地球物理勘探局 1978~1979 年东濮凹陷地震勘探资料推测的长垣断裂各段的特征见表 3-1。

表 3-1　长垣断裂分段特征

断裂分段	走向	倾向	长度(km)	错断地层	最大落差(m)			两盘断开地层	
					T_3	T_6	T_g	下降盘	上升盘
柳屯以北	NNE	SEE	23	T_3—T_g		500	1 200	E、C、P、O	E、C、P、O
柳屯—海通集	NNE	SEE	35	T_3—T_g	800	1 500	2 000		
庆祖集	NNE	SEE	35	T_3—T_g	950	1 300	3 000		
海通集—佘家	NE	SE	13	T_1—T_g	900	1 200	2 000	N、E、C、P、O	N、E、C、P、O
佘家—长垣	NE	SE	18	T_1—T_g	800	1 900	2 800		
长垣以南	NEE	SSE	25	T_1—T_g	400	800	800		

注:1. 表中 T_1 相当于馆陶组(N_1)底界面;T_2 相当于东营组(E_3)底界面;T_3 相当于沙一段(E_2 之间)底界面;T_6 相当于沙三段(E_2 之间)底界面;T_g 相当于上、下古生界之间的界面。

　　2. 庆祖集一段为断裂的分支。

（三）黄河断裂

黄河断裂位于聊兰断裂带的中间，大体沿现黄河展布于阳谷观城、濮阳文留至长垣恼里以西一线，长约150 km。物探和钻探资料揭示该断裂切割古生界至上第三系。断裂倾向西，倾角50°以上，西盘下降，东盘上升，为正断层，最大断距近3 000 m。黄河断裂与聊兰断裂、长垣断裂一起构成一北北东向的中央潜伏隆起带和一个次级凹陷。原石油部地矿地球物理勘探局1978～1979年东濮凹陷地震勘探资料推断了黄河断裂各段的特征如表3-2所示。

表3-2　黄河断裂分段特征

断裂分段	走向	倾向	长度 (km)	错断地层	最大落差（m）			两盘断开地层		备注
					T_2	T_3	T_g	下降盘	上升盘	
现城—柳屯	NNE	NWW	40	T_2—T_g	500	800	1 500			T_0相当于明化镇级（N_2）底界面。其他同表3-1
柳屯—桥口	NNE	NWW	42	T_2—T_g	200	200	1 400	E、C、P、O	E、C、P、O	
桥口—徐集	NNE	NWW	30	T_1—T_g	400	600	1 500			
徐集以南	NE	NW	40	T_0—T_g	400	600	100	N、E、M_z、C、P、O	N、E、C、P、O	

为查明黄河断裂的准确位置和活动性，在其南段布置了土壤气汞测量断面，其中C—C′测线上汞浓度峰值普遍较高，异常点较分散，推测此处可能位于黄河断裂与新商断裂交汇部位，由分支断裂较多所致。而D—D′测线异常明显，异常区宽达180 m（见图3-8），说明了断裂的存在。

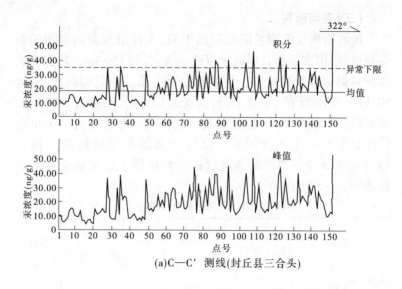

(a)C—C′测线(封丘县三合头)

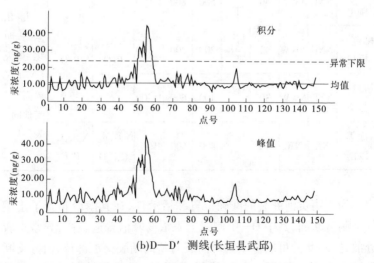

(b)D—D′测线(长垣县武邱)

图3-8 C—C′、D—D′测线气汞分布特征图

(四)浚县—万滩断裂

该断裂在以往报告和文献中叙述较少。本次工作中,通过遥感解译发现沿浚县西、原阳东、万滩至新郑西有一明显的北北东向线性构造,和呈近南北向的原阳东断裂位置和走向有明显不同,似和太行山东麓断裂带和聊兰断裂带平行,倾向 SEE,东盘下降为正断层。该断裂北段和太行山东麓断裂形成地垒,构成内黄隆起的核心,与长垣断裂成阶梯状。该断裂与原阳东断裂(特征见表1-6)在中牟万滩—九堡之间交汇,因此黄河在这里曾发生几次决口,形成规模较大的决口扇。

为进一步确定断裂的存在,本次工作在黄河南北两岸各布置一条土壤气汞测量断面,测线上均发现有气汞异常段,宽度约60 m(见图3-9)。

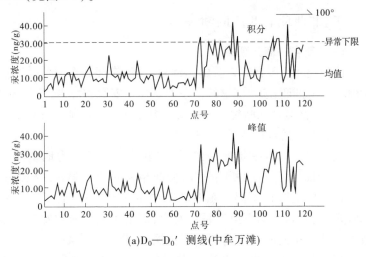

(a)D_0—$D_0{'}$ 测线(中牟万滩)

图 3-9 D_0—$D_0{'}$、E_0—$E_0{'}$测线气汞分布特征图

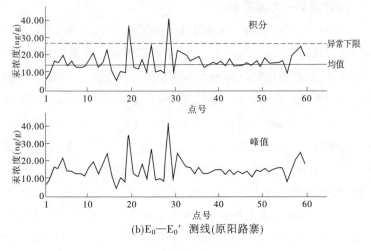

(b)E₀—E₀′测线(原阳路寨)

续图3-9

二、北西或北北西向断裂

(一)新乡—商丘断裂

该断裂北西起自获嘉县的峪河口,向南东经新乡、封丘,穿过黄河经兰考到商丘,可能继续向东南延伸至安徽省境内,长约300km,为一条区域性深断裂带。布格重力异常图上有显示,TM卫星影像上有明显的线性特征。

该断裂由一组平行断裂组成,在新乡—兰考段为地垒式构造,将开封坳陷与东明断陷分开,使两相邻坳(断)陷在沉积特征及发育历史上明显不同。东明断陷中生界不发育,而下第三系非常发育;开封坳陷下第三系不发育,而上第三系非常发育。该断裂多被北东向断裂所错断。据物探、钻探资料推断,在封丘一带断裂错开了古生界至上第三系明化镇组,其中馆陶组落差达250 m,可见该断裂新构造活动强烈。从断裂带附近的开5井资料得知,在2 466～2 636 m处沙河街组砾岩中,扭裂面十分发育,且有显著的水平擦痕,表明该断裂除垂直升降运动外,尚有明显的水平扭动。

新乡—商丘断裂,西段构成开封坳陷与内黄隆起和东明断陷的分界线,东段则构成华北坳陷与鲁西台隆的分界线。该断裂断面大部分向南陡倾,局部向北陡倾,南盘下降,北盘上升,断距1 000～2 000 m,最大可达6 000 m。

为了准确确定新乡—商丘断裂穿越黄河的位置,分别在黄河两侧的封丘和兰考各布置一条土壤气汞测量断面,一条气氡测量断面,一条人工地震剖面。测线上均发现有气汞异常段(见图3-10)和气氡异常段,其宽度为80～100 m。而人工地震仅在封丘曹岗测线上有显示,上第三系与第四系界面错断70 m,断面北倾(见图3-11)。兰考测线上连续性较好,无断层反映,说明该测线布置偏离了断裂。新商断裂穿越黄河的位置(与聊兰断裂带的交汇部位),不但是1855年铜瓦厢决口处,还是目前黄河上险工较多的地段。

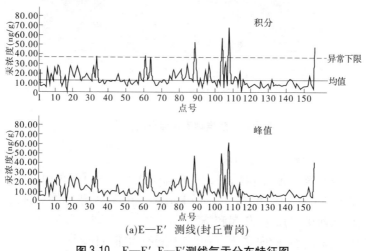

(a)E—E′测线(封丘曹岗)

图3-10　E—E′、F—F′测线气汞分布特征图

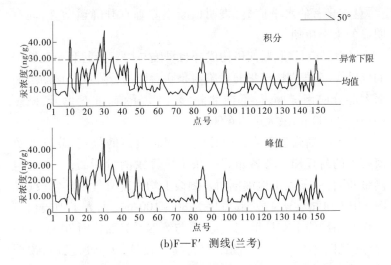

(b)F—F′测线(兰考)

续图 3-10

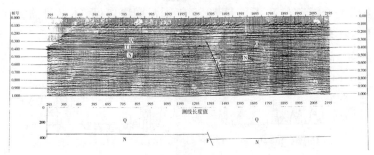

图 3-11 浅层地震剖面及地质推断图

(二)郑州—武陟断裂

该断裂西起焦作南,经武陟在郑州铁路桥附近过黄河,延至郑州市区南,走向北西,长度约 70 km,具压扭性,为正断层。黄河以北倾向西南,为武陟凸起和济源凹陷的交界断裂。黄河以南又称为老鸦陈断裂,倾向东北,在地形上断裂为邙山丘陵与冲积平原的交界。钻孔资料证实,断裂两侧差异升降运动明显,南段西侧自上而下为第四系,上第三系和三叠系,缺失下第三系;东侧自第四系至下第三系均有揭露,可见该断裂控制了下第三系沉积。在遥感影像图上可看出邙山东侧线性特征明显。布格重力异常图上,从邙山东侧至郑州市区北有一条明显的北西—南东向重力密集梯度带,以 2 mgal/km 的速率向东减小。人工地震证实,奥陶系灰岩顶板有明显错断,上第三系也被错断,断距 200 ~ 400 m,且北大南小。

为了确定老鸦陈断裂的活动性,河南省地震局和河南省地质局物探队,在郑州西北郊布置了浅层人工地震勘探和土壤气汞测量断面。浅层地震资料表明,该断裂在第四系中由几条小断层组成,断距 2 ~ 10 m,其中最上部已错断上更新统,说明该断裂至少晚更新世后期仍在活动。土壤气汞测量去除汞污染,其他异常段和浅层地震推断,结果吻合较好(见图 3-12)。另外,该断裂中段(黄河铁路桥附近)1974 年 4 月曾发生 M2.6 级地震,这应是该断裂现今仍在活动的一个证明。

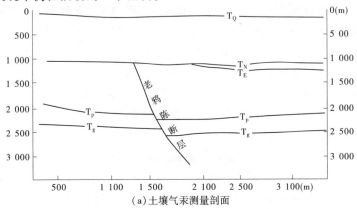

图 3-12　郑州西北测线气汞异常分布及浅层地震推断剖面图

(据李廷栋等,1992)

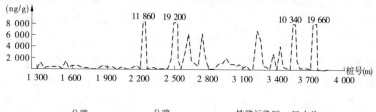

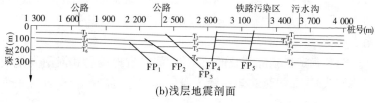

(b)浅层地震剖面

续图 3-12

三、近东西向断裂

本次工作中沿黄河南岸首次发现并确定了一条近东西向区域性大断裂,称之为郑州—兰考断裂。它沿邙山南坡东延至桃花峪被郑州—武陟断裂向南错断,然后沿黄河南岸向东过开封东延至兰考与新乡—商丘断裂相交,在郑州—兰考段多被北北东向或北西向断裂所错断。该断裂由多条近东西向密集发育的断层构成断裂带。其形成于中生代早期,或更早,断面北倾,为开封凹陷中原阳—封丘和中牟—开封两个沉降中心之间的断裂,其中北侧的中、新生界厚度大于南侧。该断裂将开封凹陷切割为原阳—封丘断陷(块)和开封—兰考断陷(块),两断块虽处同一凹陷中,但具有明显的差异性沉降运动。郑州—兰考断裂与其他文献中的东西向断裂虽然相近,但也有差异,如郑州市 1∶10 万基岩地质图上的中牟北断层比该断裂靠南,而《河淮平原航磁普查报告》中确定的黄河大断裂又似乎偏北。本次确定的郑州—兰考断裂的存在有如下证据:

(1)在 TM 遥感影像图上,在邙山南坡密集发育一组与坡向直交、交切南北向(顺坡向)冲沟的东西向线状影纹,应是基底断裂活动在地表的反映。从河南省卫星影像图上可看出,西部基岩山区的发育西起陕县,经渑池、义马、新安至偃师近东西向区域性张性断裂带发育,东延至洛宁—巩义 NE 向断裂后被向北错断,其对应的东延部位与郑州—兰考断裂相当。从渑池盆地、洛阳盆地北缘断裂发育情况可看出,近东西的区域张性断裂是存在的。

(2)河南省 1∶50 万航磁异常平面图显示,在郑州—兰考间存在近东西向的航磁正异常与负异常梯度带,南侧以负异常为主,北侧以正异常为主(见图 3-13)。

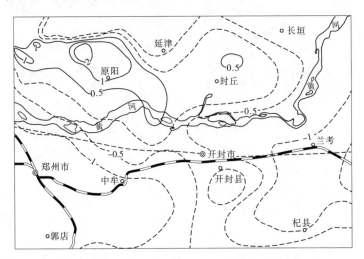

图 3-13　郑州—兰考段(1∶50 万)航磁异常图

(3)1∶50 万布格重力异常图上显示,在郑州—兰考间存在近东西向的重力异常梯度带(见图 3-14)。

(4)在河南省 1∶50 万基岩地质图上,郑州—兰考南、北两侧新生代差异性沉降幅度巨大,北部新生界厚度达 6 000 m 以上,而南部仅 3 000 ~ 4 000 m。

(5)沿断裂分别在郑州东北、开封西北、兰考附近布置了 3 条

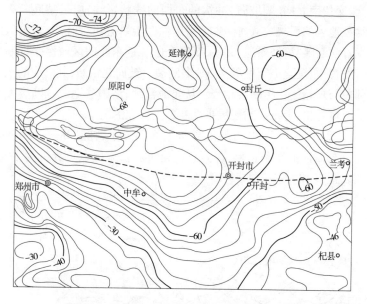

图 3-14　郑州—兰考(1:50万)布格重力异常图

土壤气汞测量断面,各断面上均存在明显的气汞异常,异常段宽度约 60 m(见图 3-15)。

(6)在郑州东北郊夏庄—黄庄地质剖面(见图 3-16)上,断裂两侧上更新统砂层厚度有明显差异,南薄北厚,且中更新统以下两侧地层明显不同。

(7)黄河河道在郑州—兰考段自然选择东西向行河,说明在行河初期,郑州—兰考存在一条近东西向的断陷低凹带。目前,断裂北侧仍有一个低凹地带,属黄河的背河洼地。黄河在平原区的河道,郑州—兰考段为东西向,明清河道在兰考折向东南,现今河道在兰考折向东北,与该断裂和新商断裂、聊兰断裂带的走向和现今活动有直接关系。郑州—兰考河段一直侧蚀右岸也说明了该断裂的存在。

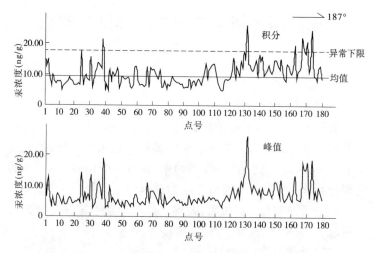

图 3-15　C_0—C_0'测线气汞分布特征图（兰考县候田寨）

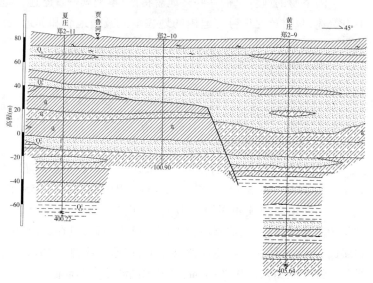

图 3-16　郑州东北郊夏庄—黄庄地质剖面图

第二节　河流地貌及土体结构特征

一、河流地貌

(一)河流地貌类型划分

前已述及,黄河下游地貌属河流地貌,主要为冲积平原,次为冲洪积平原。河南部分的冲积平原靠近山前出山口处,属黄河冲积扇状平原,之上受人工大堤的约束,形成高于两侧 3~5 m 的黄河现行河道。黄河下游河道带内的现行河道又可分为河床(包括边滩)、一级漫滩和二级漫滩;大堤之外的扇状平原又可分为古河道高地、泛流平地、洼地,近代决口扇等。

(二)地貌及微地貌特征

黄河下游的地貌包括一些微地貌特征,本文第一章已述,这里不再赘述,只对黄河现行河道内的地貌单元及微地貌和邻近大堤的背河洼地和决口扇的特征进行分段叙述。

1. 郑州铁路桥—东坝头段

1)河槽及漫滩

本河段全长 128 km。两岸均修有大堤,堤距 5.5~12.7 km,为游荡性宽河段,河槽宽 1~3 km,主槽平均 2.0 km,平均纵比降 2.03‰,弯曲率 1.1 ,主槽面积 240 km²;共有滩地 939 km²,宽 0.3~7.1 km,左岸滩地宽于右岸,左岸临背差一般 3.5 m,最大 7 m;右岸临背差一般 3~5 m,最大 8.6 m。漫滩外,由于 1855 年铜瓦厢决口改道后溯源冲刷的影响,增加了二级漫滩(高滩),由于多年的溯源淤积,目前花园口以上高滩已不明显,只在原阳、中牟狼城岗、开封袁坊—刘店还保留有高滩,但原阳高滩、中牟高滩前缘与一级漫滩高差仅 0.3~1 m,已显示高滩不高的局面。

该河段由于堤距较宽,水面宽阔,因而溜势分散,泥沙易于堆积,河道中沙洲密布,水流散乱,河槽及漫滩多为粉细砂及粉土堆积,抗冲刷能力差,洪水期间极易塌滩坐弯,形成横河、斜河,顶冲大堤,威胁大堤安全。

2)串沟

漫滩上串沟展布普遍,尤以北岸突出。按串沟的成因主要有两种类型,一为黄河遗废的主槽或支汊;二为昔日决口频繁,滩面冲刷形成许多串沟。如原阳、开封二级漫滩上仍存留着1855年改道前的较大串沟与堤岸相通,长度不等,一般长 5 ~ 20 km,宽度100 ~ 500 m,深度一般 0.5 ~ 1.5 m,开封南仁串沟深达 3 m。一级漫滩上的串沟多为河流摆动遗留的支汊,深度较浅,一般不超过 1 m,洪水期过水,洪水过后落淤。横河、斜河常沿串沟形成。

3)临河洼地

在原阳滩、郑州凌庄滩、中牟万滩、长垣滩、濮阳滩等沿大堤有临河洼地展布,多为修建堤防工程取土遗留下来的长条状沟槽和坑塘,洪水上滩后常使洪水偎临大堤形成堤河。

4)背河洼地

在黄河左岸的原阳—封丘段,右岸的郑州—中牟、中牟—开封段的背河侧,由于修堤取土形成长条状背河洼地,洼地内常积水的形成湿地,不积水的地段地下水埋藏较浅。背河洼地多开挖有鱼塘,水面面积增大。近年来,由于抽砂淤背、引黄放淤等,洼地地面淤高面积减小。背河洼地,尤其是坑塘,在黄河洪水偎临大堤的地段极易造成管涌。

5)决口扇

该河段行河已有四百余年的历史,新中国成立以前由于堤防薄弱、政府腐败、战争动乱、治河不力等,造成黄河两岸决溢不断,形成了大量的、规模不等的决口扇。在决口扇顶端,岩性多由中细砂、粉砂组成,由于风的吹扬作用在扇面上形成砂丘。较大的决口扇顶端往往有决口潭存在,潭水通过地下水与河水连通,大堤之下

有大小不等的决口口门,成为影响大堤安全的主要隐患。该河段目前记载和分布的较大决口扇主要有:

(1)武陟县二铺营决口扇:1721～1723年黄河在该处多次决口,口门位于二铺营,决口扇呈扇状沿 NE 向分布于武陟县二铺营与获嘉县城间。

(2)原阳县夹滩决口扇:口门位于原阳县夹滩,分布范围为原阳县夹滩—靳堂乡。

(3)原阳县太平镇决口扇:1751年黄河在该处决口,称为祥符朱决口,口门位于原阳县雁李村附近,分布范围为雁李—延津县城。

(4)封丘决口扇:该段历史上决口较多,如1631年、1650年的荆隆宫决口;1652年、1654年的大王庙决口;1803年的大宫决口等。决口扇自口门向北东方向展布,分布范围为荆隆宫—封丘县城—冯村乡一带。

(5)封丘县清河集决口扇:1761年清河集决口形成,口门在清河集,决口扇展布于曹岗、黄陵一带,口门处有决口潭。

(6)郑州北郊申庄决口扇:决口扇位于黄河右岸,口门位于申庄—石桥间。1887年8月14日决口,冲刷口门宽430 m,后扩至1 670 m。决口扇呈扇状向 SEE 方向展布于申庄—刘集一带。

(7)中牟县九堡决口扇:位于黄河右岸,决口扇口门位于中牟县王庄—九堡,主要由1843年九堡决口形成,口门处有决口潭,扇面上有砂丘分布。该河段也是历史上决口多发地段,主要有1723年的十里店决口,1761年的杨桥决口,1938年的赵口决口(人为)等。

(8)开封马庄决口扇:口门位于开封市西北部的马庄—吉林寨,决口扇自口门向南呈扇状展布,分布范围为开封西北部,为1832年和1841年祥符决口形成。

(9)兰考决口扇:决口扇口门位于兰考县三义寨夹河滩。该决口扇规模较小,自口门由北向南呈扇状展布于三义寨乡南部,扇面有砂地分布。

（10）花园口决口扇:为1938年人工决口改道形成,口门在郑州北花园口,决口扇范围自口门向东南至中牟—尉氏,口门处有决口潭,扇面上有大量的砂丘、砂地分布。

2. 东坝头—高村段

该河段长64 km,是清咸丰五年(1855年)铜瓦厢决口后形成的河道,除1938～1947年花园口决口改道南行9年外,行河至今已130余年。

本河段两岸堤距上宽下窄,呈喇叭形,上段最宽处达20 km,为游荡性超宽河段。下段最窄处仅4.7 km,河槽宽1.6～3.5 km,平均纵比降1.72‰。该段只有一级河漫滩,滩面宽阔,1958年汛后为保护滩地两岸,修筑生产堤后,一般洪水不能漫滩落淤,河槽淤积严重,造成两岸滩唇高、堤根洼,河槽平均高程高于滩面高程的不利局面,即形成典型的二级悬河,滩面横比降一般在1/2 000～1/3 000。该河段历史上决口频繁,特别是1933年大洪水,决口大部分分布在长垣、兰考一带,仅长垣大堤决口就有33处之多。决口在滩面上冲刷形成许多串沟,这些串沟多与大堤直交和斜交。右岸滩地大堤附近有较宽的临河洼地。左岸天然文岩渠紧临大堤,汛期滩地上的串沟吸溜,洪水自漫滩流向大堤形成横河、斜河和堤河,危及大堤安全。

本河段漫滩一般宽0.4～8.7 km,面积680.58 km²,除嫩滩外大部分都已开垦耕植。滩区人口众多,村庄密布,农田水利和道路配套较齐全,中原油田的钻井也布置到了滩区。沿大堤的外侧也断续分布有背河洼地,洼地有芦苇生长。由于该河段在铜瓦厢决口改道初期,两岸大堤薄弱,汛期决口频繁,形成众多的决口扇,但决口扇的规模一般较郑州铁路桥—东坝头段两岸分布的决口扇小,但往往多次叠加形成连到一起的大决口扇,且有多个口门分布,如东明决口扇、长垣决口扇等。

3. 高村—陶城铺段

本河段长 163 km,堤间距较上述两河段明显变窄,水流归于一槽,主河槽比较稳定。该段为游荡性宽河段与下游弯曲性窄河段之间的过渡性河段。刘庄至苏泗庄段河道较顺直,苏泗庄以下河段开始迂回曲折,河弯不规则。河道的主河槽基本上都有弯曲的外形,不发育心滩,弯曲段的曲率约 1.3,是黄河下游各河段曲率最大的一段。

高村—陶城铺河段堤距 1 ~ 3.5 km,河槽宽 0.5 ~ 1.6 km,平均纵比降 1.48‰。全河段面积 746 km^2,其中滩地面积 643 km^2,主槽面积 115 km^2。河道内两岸滩地基本对称,为一级河漫滩。由于河槽弯曲,单个滩地较上述两段滩地面积小,滩地的岩性结构中黏性土增多,加上河道整治工程比较完善,滩地比较稳定,但汛期上水漫滩几率较大。和东坝头—高村河段相同,该河段历史上决口频繁,漫滩上留下较多的串沟,堤外分布着很多决口扇,较大的如濮阳县习城决口扇等。

(三)人工地貌

黄河下游堤防是最大的人工地貌,是河流地貌的边界和现行河道两岸抵御洪水的主要屏障。下游两岸堤防总长 1 451.68 km,其中河南段左岸长 396.856 km(自孟州起),右岸长 167.6 km。该堤防是自明清以来断续修建的,其设防标准河南段按 22 000 m^3/s 的洪水设防。目前,坝顶一般超高 3 m,顶宽 9 ~ 10 m,边坡多为1:3,个别为 1:2.5。

黄河下游现行河道堤防是从明清开始修筑起来的。筑堤材料多是就近起土修筑,并不断加高培厚,仅新中国成立后就进行 3 次大规模的加高培厚,所以堤身土质复杂,多为粉土和粉细砂,向下游粉质黏土和黏土增多。由于黄河下游两岸决口频繁,存在较多的老口门,在堵口时又使用了大量的秸料、砖块、麻料、树枝等杂物,使得这些堤段堤身和堤基更复杂,并存有重大隐患,现大堤上修筑的地下截渗墙就是为了消除这些隐患。由于黄河河床不断淤积抬高,大堤也在不断加宽加高。采取的措施主要是抽沙淤背、放淤固堤,利用黄河泥沙加固大堤,并用黏土盖顶包淤。

新中国成立后,除了进一步加强堤防建设,20世纪50年代开始进行了河道整治工作。郑州铁路桥—东坝头段:有险工15处,坝垛数1 053道,险工长63.98 km,控导护滩工程33处,坝垛数680道,工程长62.48 km;东坝头—高村段:有险工8处,坝垛数196道,险工长18.67 km,控导护滩工程14处,坝垛数355道,工程长度36.72 km;高村—陶城铺段(左岸):有险工13处,坝垛数198道,险工长21.37 km,控导护滩工程11处,坝垛数335道,工程长28.81 km。这些河道整治工程对限制河流游荡范围,调整规顺流路,稳定中水河槽,减少横河、斜河,保护大堤和滩地等方面起到了积极作用,但不容忽视的是,随着近年来中上游来水量的减少,尤其是较大洪水的次数减少,洪水上滩的几率降低,使黄河泥沙大部分淤积在河槽中,滩槽高差不断缩小,槽高滩低的局面不断加剧,漫滩上的生产堤虽然多次破除,又不断产生,更加剧了河床淤积。

二、土体结构特征

黄河下游浅部松散土体系全新世以来的黄河冲积层,其中历史时期冲积物及近代冲积物占重要地位。浅部松散土体的构成以粉粒物质为主,兼及砂土和黏性土层,其中粗粒组分松散则渗透性强,与渗透稳定性关系密切。浅层土体结构沿程变化较为复杂,但变化的主要趋势是结构中的砂层组分减少,而以粉土、黏性土为主的混合叠置结构类型沿程渐次增加。其中,河道内的浅表土体结构直接影响着滩岸稳定,河床冲刷,河流摆动等。为此,用人力浅钻(洛阳铲孔)对河道带进行了详细的浅表(3 m以内)岩性结构调查,现将调查结果分段叙述如下。

(一)沁河口—东坝头段

右岸以粉土、砂土组成的双层结构为主,一般上为浅灰黄色粉土,下为浅灰黄色粉砂、细砂,局部为中细砂。在花园口决口扇、中牟九堡决口扇、开封及兰考附近为以砂土为主的单层结构,主要为粉细砂和中细砂。开封北背河洼地为多层结构,上为粉土,中为黏性土,下为砂土。

左岸一级漫滩以双层结构为主,上为粉土,下为粉细砂。部分段有多层结构分布,如官厂以南上为薄层黏性土,中为粉土,下为粉细砂,荆隆宫—陈桥南为粉土夹薄层黏性土。二级漫滩以多层结构为主,官厂以西上为粉土,中为粉质黏土,下为粉细砂;官厂以东上为粉土,中为粉质黏土,下为粉土,局部为粉质黏土夹粉土。堤外泛流平地、背河洼地以多层结构为主,多为粉土夹粉质黏土。原阳齐街上为粉土,中为粉质黏土,下为粉细砂。原阳原武、封丘清河集北及封丘居厢、贾岗一带为双层结构,前者上为粉土,下为粉细砂,后者上为粉质黏土,下为粉土。原阳西的古河道高地西段有以粉土为主或黏性土为主的单层结构和上为粉土、下为粉细砂的双层结构。东段为粉质黏土夹粉土的多层结构。封丘东南的古河道洼地,以上为粉土、下为粉细砂的双层结构为主,局部为以粉土为主的单层结构。

该段河床的土体结构属以砂土为主的单层结构,岩性为粉细砂。

(二)东坝头—高村段

该河段的调查工作主要在左岸。

本段以多层结构为主,岩性以粉土为主。河道内的漫滩多为粉土夹粉质黏土的多层结构,局部为上为粉土、下为粉砂的双层结构和上为粉土、中为粉质黏土、下为粉砂的多层结构。大堤之外也以粉土夹粉质黏土的多层结构为主,决口扇上有粉土(上)和粉细砂(下)组成的双层结构。长垣附近为粉土和粉质黏土组成的双层结构。河床内以粉砂为主。

(三)高村—陶城铺段

该河段明显的特征是黏性土增多,砂性土减少。河道内漫滩除局部前缘为双层结构(上为粉土,下为粉质黏土)外,大部分河漫滩为多层结构,且以粉土和粉质黏土为主。堤外平原区的濮阳县梁庄、文留、徐镇集一带位于决口扇的前缘,土体为以粉土为主的单层结构,范县杨集附近也为粉土单层结构。濮阳朗中、海通、八公桥一带及范县南为双层结构(上为粉土,下为粉砂),地貌位置分别为决口扇上部和古河道洼地。濮阳南—范县南的金堤河漫滩、范县孟楼、颜村铺、台前打渔陈、夹河、吴坝等地为双层结构(上为粉土,下为粉质黏土或上为粉质黏土,下为粉土)。其他地方均为以粉土和粉质黏土为主的多层结构,只有在决口扇、古河道下部有粉细砂分布。

第三节　土体工程地质特征

沿黄浅部土体为第四纪全新世黄河松散冲积层,浅部土体的性质与悬河的稳定性密切相关。本次工作未进行专门性的工程地质勘查,以下仅依据以往勘查成果,结合本次地面环境地质调查资料对河道带土体工程地质特征进行阐述。

一、土体结构

沿黄浅部松散土体的构成以粉粒物质为主,兼砂土层和黏性土层。其中粗颗粒(砂土、粉土层)松散而渗透性强,与渗透稳定性问题关系密切。黏性土层对提高悬河稳定性具有积极的贡献,所以可将河道带土体岩性(20 m以浅)划分为三个类型。即砂质土(包括粉砂、细砂、中砂);粉土;黏性土(包括粉质黏土、黏土)。

经概化后,建立起六种土体结构类型(见表3-3)。

表3-3　沿黄土体结构类型及分布特征

土体结构类型	分布特征
砂土单层结构	零星分布于原阳南滩地、中牟北、东坝头等地
粉土与砂双层结构	分布于东坝头以上河段的原阳—封丘、开封—东坝头等地段
砂与黏性土双层结构	仅见于花园口和渠村
以砂层为主的混合叠置结构	主要分布于中牟—开封、封丘—渠村一带
粉土、黏性土、砂土三元混合叠置结构	沿黄两侧零星分布,重点分布于花园口东和武陟东
黏性土、粉土混合叠置结构	东坝头以上河段零星分布,主要分布于渠村以下河段

二、工程地质层组划分及宏观物理特征

按地层、岩性、层位的差异,将性质相近的自然岩性层划分为工程地质层组,自上而下,可分为七个层组,概述如下:

(1)第①工程地质层组。系指构成临黄堤的堤身土。主要由粉土组成,在堤身与堤坡处分布有包顶、包皮的粉质黏土、黏土,由于大堤的不断培厚加高,使黏性土成夹层出现在堤身内,在口门处有杂填土分布。颜色:灰黄、浅黄色;状态:粉土、稍湿、稍密—中密;黏性土:可塑—坚硬。

(2)第②工程地质层组。为近代1448年以来的新近堆积物。以东坝头为界,以上高滩为1885年以前形成,低滩、决口扇和东坝

头以下为1885年至今形成。东坝头以上平均厚5.47 m,以下为4.40 m。漫滩相主要为粉土,其次为粉砂、细砂及少量的粉质黏土薄层;主槽相主要为细砂、粉砂,其次为粉土,边滩上常见黏土薄层,颜色以黄色为主,其次为褐黄色。该层砂土松散;地下水位以上为粉土,稍湿、中密,黏性土为可塑—硬塑;地下水位以下黏性土为软塑—流塑。

(3)第③工程地质层组。为全新统上段中部黄河冲积层。东坝头以上平均厚5.40~6.21 m,以下为3.80~4.77 m。颜色为黄色、灰色、青灰色、灰褐色;岩性以粉土为主,其次为粉砂、薄层粉质黏土。砂土松散;粉土湿中密;粉质黏土在地下水水位线以上可塑—硬塑;以下为软塑—流塑。

(4)第④工程地质层组。为全新统上段下部黄河冲积层,东坝头以上厚5.4~8.6 m,以下为3.80~4.77 m。颜色:灰色、灰褐色、黄色;岩性为粉质黏土,砂土(粉砂、细砂、中砂),粉土。砂土稍密;粉质黏土可塑;粉土湿。

(5)第⑤工程地质层组。为全新统中段黄河冲积层。在开封一带沉积最厚,揭露最大厚度11.5 m,其他部位平均沉积厚度6.38~7.20 m,岩性为黄色及浅黄色细砂、粉砂、中砂和粉土、粉质黏土。砂土:以细砂为主,其次为粉砂。东坝头以下粉土、粉质黏土居多,且以粉质黏土为主,呈可塑—硬塑状态。

(6)第⑥工程地质层组。为全新统下段黄河冲积层。揭露最大厚度1.9 m(未见底),颜色灰黄、黄、灰色。岩性:东坝头以上以中细砂为主,向下过渡至细砂,稍密—中密;粉质黏土,硬塑;粉土,密实。

(7)第⑦工程地质层组。为上更新统黄河冲积物,未见底,揭露最大厚度14.0 m。由桃花峪到陶城铺,顶板标高由上游段43.5 m至下游段的22 m。岩性由砂土过渡到粉质黏土。砂土:为粉、细砂,黄、褐黄色,稍密—中密,分选磨圆中等。矿物成分主要为石英、长石、云母及少量暗色矿物。粉质黏土呈硬塑状,含钙质结核,核径 0.5~1.5 cm,夹薄层粉土层。

三、主要工程地质问题

(一)堤基土液化问题

黄河河道带,尤其是背河洼地地下水位浅埋,丰水期往往积水,使堤基土层处于饱和状态,据已有勘查成果判别的黄河河道带堤基(15 m 以内的)砂土在烈度Ⅶ度以上地区发生远震的情况下,均属可能液化土(中等液化至强烈液化)。

(二)地面破裂

地面破裂指构造性地裂,它是由地震和活动性断裂引起的地面差异性变形。

以上两种现象可通过 1931 年 1 月 1 日菏泽 7 级地震产生的地震缝和背堤洼地涌水冒砂现象来说明。该次地震震后出现许多地震缝,走向多为北西向,与等震线长轴方向一致,具张裂反扭性质,其中,一裂缝带沿北西方向从东明菜园乡黄庄与铁庄之间跨黄河至濮阳县郎中乡坝头村,裂缝带南端宽 1.5 km,北端宽 4~5 km。地震时长垣东南、范县南、东明西和高村等地有涌水冒砂现象。

(三)渗透潜蚀

黄河下游是地上悬河。河床及漫滩高于河流两侧地面,形成悬差。漫滩悬差一般 3~5 m,最大达 10 m 以上。在大洪水期间,洪水漫滩后则形成高水力梯度带,进而引起一种特殊的河流动力地质作用——渗透潜蚀作用。

在堤内洪水高悬差位能的推动下,洪水自大堤临河侧通过大堤及堤下土层向大堤外侧运移。在其运动过程中所发生的地质作用即是渗流潜蚀作用。渗流潜蚀作用在这里一般可显示三种不良的工程地质效应。一是渗透浸湿效应,降低和改变土体介质的力学强度和物理性状;二是强烈的渗流潜蚀作用,可引发渗漏、沙沸、流土等重要的不良工程地质现象和堤岸溃决险情;三是引起地下水位抬高,在强震条件下将加剧饱和沙土震动液化的危害。在黄河下游通常所称的冲决、溃决、漫决和盗决这四种河道突发性破坏模式中,溃决模式与土体介质的物理力学特征、渗流潜蚀作用的不良工程地质效应的关系最为密切。渗流潜蚀作用的主要影响因素有:洪水位悬差及洪水动态特征;堤岸断面形态;土体介质的物理力学性质及土体结构。

对于存在的上述几点突出问题,尤其是渗透变形问题,黄河水利委员会正在采取治理措施。淤背工程则是利用河道泥沙淤于堤身背侧,增大堤身强度,延长渗流路径,降低渗流水力坡度,提高了堤防的安全系数;截渗墙工程则是针对历史上出现的因渗透造成重大险情的堤基地段进行的防渗或是增大渗流路径的又一重要治理措施。

第四节　河道淤积特征及河道演变

一、现黄河河道淤积物特征

黄河下游现河道 1855 年以来,各河段淤积演变各有不同的特点,铜瓦厢决口初期,东坝头以上河段溯源冲刷形成了高滩深槽,以下则漫流淤积。1875～1905 年,东坝头河段陆续修筑堤防,沁河口至东坝头河段由溯源冲刷相应转变为溯源淤积或塌滩淤槽。目前,花园口以上河段老滩已不明显,以下河段还保存有老滩,但高差已逐渐减小,老滩滩面上的淤积物为 1855 年前堆积,其他则为近年堆积。1935～1985 年,因受花园口改道后的溯源冲刷和三门峡水库运用影响,花园口以上河道冲淤基本平衡,以下河段则淤积明显,目前小浪底水库已开始运用,花园口以上河段已有一定的冲刷。

黄河下游河床淤积物,上游段较下游段粗,深层比表层粗,河床比漫滩粗。粒径小于 0.025 mm 的泥沙占全部沙量的 50% 左右,主要在洪水漫滩时淤积在滩上(约占滩地淤积物的 50%),淤积在主槽的很少(一般不到主槽淤积物的 5%)。粒径大于 0.025 mm 的床沙质占全部沙量的 50%,但在下游河道的淤积量中却占 70% ~ 80%;粒径大于 0.05 mm 的较粗颗粒泥沙,仅占全部沙量的 20%,但在淤积量中却占 50%,在主槽淤积量中更多,可占到 80% ~ 90%;粒径大于 0.1 mm 的粗泥沙,几乎全部淤积在主槽内。从淤积测量断面中也可看出,黄河主河槽在两岸大堤之间摆动频繁,形成多个粉细砂透镜体。

据黄河水利委员会 1935 ~ 1985 年实测资料计算,黄河下游河道淤积总量 80 亿 ~ 90 亿 t,其中沁河口—东坝头淤高约 1 m,平均淤积速率 2 cm/a;高村—陶城铺淤高 2.5 ~ 3.5 m,平均淤积速率 5 ~ 7 cm/a;陶城铺以下淤积厚度逐渐减小,一般 2 ~ 0.5 m,平均淤积速率 4 ~ 1 cm/a。另据叶青超等研究,1954 ~ 1982 年,花园口—东坝头段沉积厚度 2.10 m,平均沉积速率 7.4 cm/a;东坝头—艾山段沉积厚度 2.86 m,平均沉积速率 10.2 cm/a;艾山—利津段沉积厚度 1.98 m,平均沉积速率 7.1 cm/a;花园口—利津段平均沉积速率 8.2 cm/a。本次调查结果显示,1964 ~ 2000 年,花园口断面河道河槽淤积厚度 3.90 m,漫滩淤积 2.10 m,滩槽平均淤积速率 7.4 cm/a;高村断面河槽淤积厚度 5.80 m,漫滩淤积厚度 1.80 cm,滩槽平均淤积速率 8.5 cm/a。由此可以看出,黄河河道在逐年淤积抬高,纵剖面的下凹度逐渐变小,淤积速率表现为中段大,两头小,河槽大,滩地小。横剖面则再现为床滩差变小,东坝头—高村段已出现床高滩低的"二级悬河"的不利局面。

二、河道冲淤特征与演变

河道淤积变化宏观上受控于不同的河流地貌子系统。

河床是水沙运移通道,也是大洪水的主要通道,泥沙冲淤变化剧烈程度受控于水流动力地质作用。人类工程对黄河水流动力作用的控制作用越来越强烈,控导工程在不断地限制和缩小河水游荡范围,规范河床边界,并保护河漫滩不受一般中常洪水的侵蚀。

漫滩只有在大洪水条件下才具有部分水沙输移功能。花园口至高村宽河段同时具有滞洪和落淤功能,河流地貌断面的形态与输水输沙的能力有较大的关系,理想的断面是宽滩深槽,这样可增强防洪功能,提高河道的稳定性。但是,近年来河流地貌断面的发展却不尽人意,随着河道整治程度的提高,河道冲淤特征已由1960年前的淤滩为主演变为1960年以后的以淤槽为主,使河床淤积抬高。下面就不同河段的冲淤特征及河床演变阐述如下。

(一)河道冲淤量变化

从近年来不同河段的冲淤量沿程变化(见表3-4、表3-5)可以看出,1986~1999年间各河段均处于淤积状态;从淤积总量和每100 km河道长度的淤积量统计结果可以看出,属于游荡性宽河段的花园口—高村淤积量较大,其次为高村—孙口的过渡性河段,弯曲性窄河段淤积量较小。

(二)近期河道横、纵剖面演变

河道的持续淤积抬高,使河道地貌横断面处于不断地演化过程中。

1.河道淤积速率

20世纪70年代以来,以淤积河床为其主要特征,尤其是20世纪80年代以来,随着人类工程对河床流路的规范化,河床的淤积速率明显增大(见表3-6)。沿河道纵向上,1975~2000年间,花园口—东坝头河段的河床淤积速率为4~4.32 cm/a;东坝头—高村河段河床淤积速率增大,最大达23.9 cm/a(马寨断面);高村以下河床淤积速率明显减小,如孙口断面仅为2.6 cm/a。

表 3-4 黄河河道沿程冲淤量统计

（单位：万 m³）

河段	断面间距（km）	冲淤量										平均值
		1986~1987年	1987~1988年	1988~1989年	1989~1990年	1990~1991年	1991~1992年	1996年	1997年	1998年	1999年	
花园口—夹河滩	100.3	2 192.5	3 560.7	5 322.9	1 883.5	4 291.1	2 243.7	12 170.0	1 570.0	3 050.0	640.0	3 692.4
夹河滩—高村	73.2	3 494.7	945.5	6 041.0	51.0	204.6	2 861.6	20 330.0	1 500.0	3 160.0	990.0	3 957.8
高村—孙口	125.69	1 524.4	66.7	4 080.9	1 493.8	11 218.5	1 599.2	7 010.0	3 360.0	2 280.0	1 100.0	3 373.3
孙口—艾山	64.87	162.9	648.2	668.8	51.7	5 396.7	645.4	-1 330.0	1 510.0	700.0	50.0	850.4
总计	364.06	7 374.5	5 221.1	16 113.6	3 480.0	21 110.9	7 349.9	38 180.0	7 940.0	9 190.0	2 780.0	11 874
平均值		1 843.6	1 035.3	4 028.4	870.0	5 277.7	1 837.5	9 545.0	1 985.0	2 297.5	695.0	2 968.5

表 3-5 黄河河道沿程相应每 100 km 长度冲淤量统计

（单位：万 m³）

河段	断面间距（km）	冲淤量										平均值
		1986~1987年	1987~1988年	1988~1989年	1989~1990年	1991~1992年	1992~1993年	1996年	1997年	1998年	1999年	
花园口—夹河滩	100.3	2 185.9	3 550.0	5 306.6	1 877.9	4 278.3	2 237.0	12 133.6	1 565.3	3 040.9	638.1	3 681.4
夹河滩—高村	73.2	4 774.2	1 291.7	8 252.7	69.7	279.5	3 909.3	27 773.2	2 049.2	4 316.9	1 352.5	5 406.9
高村—孙口	125.69	1 212.8	53.1	3 246.8	1 188.5	8 925.5	1 272.3	5 577.2	2 673.2	1 814.0	875.2	2 683.9
孙口—艾山	64.84	251.1	999.2	1 031.0	79.7	8 319.3	994.9	-1 058.2	1 201.4	556.9	39.8	1 241.5
平均值		2 106.0	1 473.5	4 459.3	804.0	5 450.7	2 103.4	11 106.5	1 872.3	2 432.2	726.4	3 253.4

2. 滩、床高差的变化

从不同河段黄河横断面图和不同时期滩、床平均高差变化统计(见表 3-7)结果可以得出以下几点。

1)花园口—东坝头河段

20 世纪 50 年代以来,除 60 年代初三门峡水库蓄浑排清运用造成河床冲刷,滩床高差略有增大外,其他时期均处于淤积状态(见图 3-17、图 3-18)。目前,该河段河床与一级河漫滩高差已基本消失,局部地段出现了一级漫滩滩唇明显高于滩根的现象,同时由于一级漫滩的断续上水与淤积抬高,一级漫滩与二级漫滩的高差在不断缩小,现状高差一般为 1~1.5 m。

表 3-6 黄河河床淤积速率统计

断面位置	观测年份	平均高程(m)	淤积厚度(m)	淤积速率(cm/a)	平均淤积速率(cm/a)
花园口	1975	92.47			4
	1989	92.63	0.16	1.1	
	2000	93.47	0.84	7.6	
夹河滩	1975	73.23			4.32
	1989	73.54	0.31	2.2	
	2000	74.31	0.77	7.0	
马寨	1985	64.92			23.9
	2000	68.50	3.58	23.9	
高村	1975	60.85			6.0
	2000	62.35	1.50	6.0	
孙口	1975	46.25			2.6
	1989	46.70	0.35	2.5	
	2000	47.00	0.3	2.7	

表 3-7　黄河不同时期滩床平均高差统计　（单位:m）

断面位置	平均高差					
	50 年代	60 年代	70 年代	80 年代	90 年代	2000 年
花园口	1.15	1.34	0.58	0.58	0.38	±0
夹河滩	0.52	0.57	0.06	0.48	0.18	±0
马寨						−1.0
高村	0.35	1.15	0.36	−0.02	−0.27	—
孙口	0.96	1.73	0.77	0.35	0.40	0.2

注: 除 2000 年外,其余均为 20 世纪。

2)东坝头—高村河段

该河段滩、床高差最小,20 世纪 80 年代开始出现河床平均高程大于滩地平均高程,逐渐形成悬河中的悬河(二级悬河),此后不断发展,滩、床高度倒挂的现象越来越严重(见图 3-19)。1992年高村断面的河床平均高程较滩地高出 0.52 m,2000 年马寨断面的河床平均高度较两岸滩地高出 1.0 m 左右。

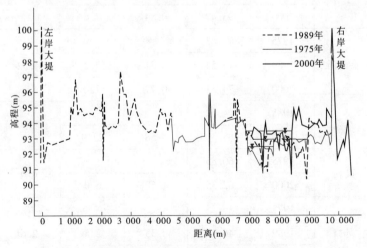

图 3-17　黄河横断面(花园口)演变图

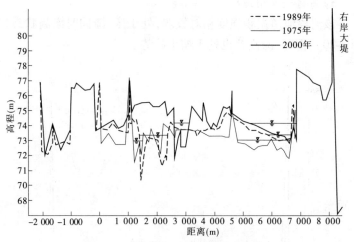

图 3-18　黄河横断面(夹河滩)演变图

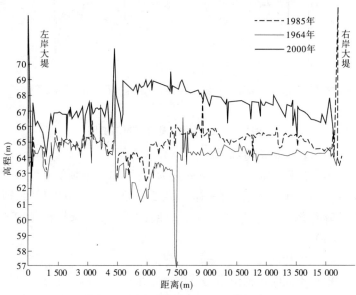

图 3-19　黄河横断面(马寨)演变图

3)高村—艾山河段

该河段河道淤积强度相对较弱,处于床、滩同时淤高状态(见图3-20),但床、滩高差也处于缩小趋势。

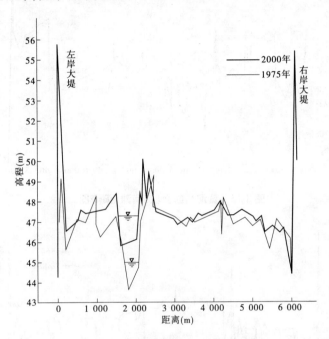

图3-20 黄河横断面(孙口)演变图

3.河床纵剖面特征

不同河段的河床纵坡降分别为:花园口—东坝头 0.20‰,东坝头—高村0.16‰,高村—孙口0.12‰,孙口—艾山0.13‰,即沿程坡降总体呈减小趋势。随着时间的推移,河床持续抬高(见图3-21)。

4.主河槽演化

根据不同时段河道带遥感解译结果(见图3-22):花园口—东坝头段主河槽由宽、浅、散、乱向窄稳发展,其原因主要是工程对主

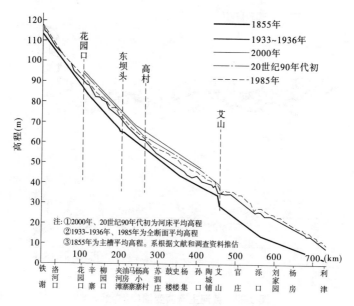

图 3-21　黄河下游河床纵剖面

流的控制程度不断加强和径流量的相对减小与相对稳定;东坝头以下河段除东坝头—高村段略有摆动外,主槽相对稳定。

5.河道土体(河床质)结构

河道土体岩性以松散的粉土、粉砂为主(见图 3-23)。花园口—东坝头河段沿袭了原明清河道,其河道内分布的二级漫滩属1855 年以前淤积土体,岩性仍以粉土、粉砂为主,局部夹有细砂层,结构相对一级河漫滩较致密,一级漫滩与河床及东坝头以下的岩性以粉土、粉砂为主,加之土体形成年代较近,土质疏松,其抗冲刷侵蚀的能力极差。沿程土体粒度由粗变细,至高村以下河段夹有相当比重的粉质黏土,增强了其抗冲刷能力。

总之,黄河下游河道土体结构疏松,易于冲刷侵蚀,加上河水挟带泥沙的淤积,使黄河下游河道成为极其敏感的河道,主要表现

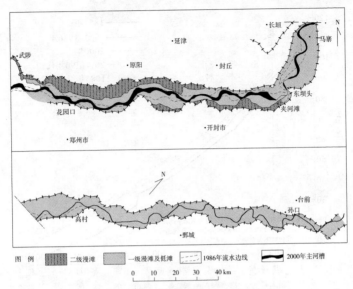

图例 [二级漫滩] [一级漫滩及低滩] ----1986年流水边线 ━━2000年主河槽

0　10　20　30　40 km

图 3-22　黄河主流演变图（遥感解译）

在河道淤积抬高与河道地貌的不良化发展,此冲彼淤与主河槽的不断摆动。

第五节　分滞洪区的环境地质特征

一、地质环境背景

(一)气象、水文

气象:多年平均降水量 560 mm,年际变化较大,年降水量丰、枯年份相差 5 倍;年内分配不均匀,全年 50% 的降水集中在 7、8 两个月,并常以暴雨形式出现,24 h 最大降雨量达 311 mm。

多年平均蒸发量 1 760 mm,是降水量的 3 倍。

水文:北金堤滞洪区属黄河支流金堤河流域(见图 3-24)。

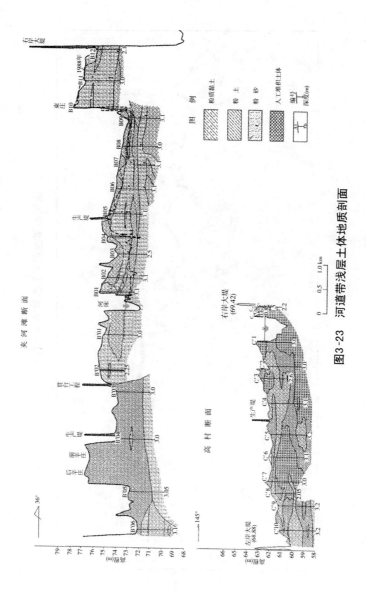

图3-23 河道带浅层土体地质剖面

图3-24 北金堤滞洪区平面位置图

金堤河发源于新乡县古固寨一带,东至山东省阳谷县陶城铺入黄河,河长159 km,平均河宽260 m,比降0.091‰~0.059‰,流域狭长,面积5 048 km²,包括新乡、延津、卫辉、浚县、封丘、濮阳、长垣、滑县、范县、台前等。主要支流有柳清河、黄庄河、回木沟、水屯沟、五星河等。

金堤河范县以上流域多年平均径流量2.67亿 m³,范县水文站实测最大洪峰流量452 m³/s。接纳大气降水、生活和工业废水及引黄渠道退水。

(二)地形地貌

1.地形地势

北金堤滞洪区地处黄河冲积扇平原前缘,是古黄河与现黄河之间的低洼地带,塑造这里地形、地貌的是黄河的决溢和在人为约束下的黄河河道的淤积抬高。

北金堤滞洪区北有北金堤、南有太行堤和现黄河大堤。北金堤为金堤河与马颊河、徒骇河的流域界堤,太行堤和临黄堤为金堤河与天然文岩渠、黄河的界堤,滞洪区地形西南宽东北窄,呈狭长三角形,长约200 km,最宽处近60 km,地势西南高,地面标高一般61~65 m,较黄河滩地低3~5 m,较北侧的黄河故道低2~3 m,濮阳东侧最大高差达6 m;东北低,地面标高42 m左右,较黄河滩地低1~3 m,与北侧的黄河故道一致。滞洪区东西最大高差23 m,平均坡降2‰,东北部坡度平缓,为1‰~0.67‰。

2.地貌

北金堤滞洪区地貌形态属黄河泛流平地,北临东汉古黄河高地,南临现黄河河道。由于1855年黄河铜瓦厢决口改道后初期,决溢频繁,形成以黄河决口部位为顶点向滞洪区延伸的决口扇(见图3-25),使滞洪区内地形起伏不平,岗洼相间,浅表岩性粉土、粉砂、粉质黏土交替沉积(见图3-26、图3-27)。

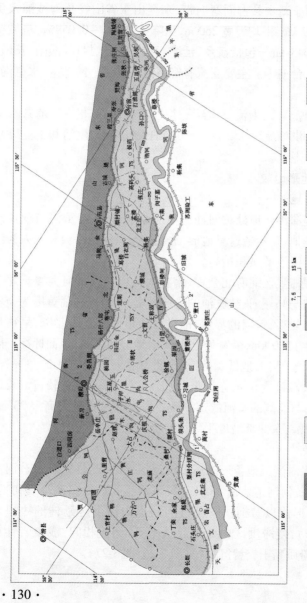

图3-25 北金堤滞洪区地质地貌图

1—黄河故道；2—泛流平地；3—现黄河滩地；4—背河洼地；5—决口冲刷；6—粉质黏土、粉土为主；7—粉土、粉砂为主；8—剖面及编号

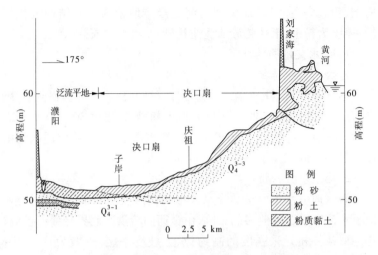

图 3-26　濮阳—刘家海地质地貌剖面图

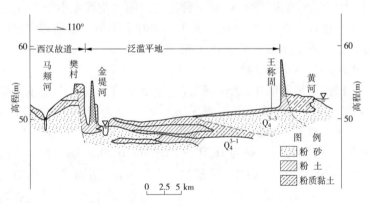

图 3-27　樊村—王称固地质地貌剖面图

（三）浅表地层岩性

　　滞洪区内近金堤河一侧属 Q_{43} 早期黄河泛滥堆积物,岩性以灰黄色粉质黏土、黏土夹粉土或粉砂为主;近于现黄河河道一侧属近期(即 1855 年以来)黄河泛滥堆积物,岩性以浅黄色或土黄色粉土、粉砂为主,明显地呈现出河流漫滩地带的二元结构沉积特征,表层为粉土,下伏粉砂或泥质粉砂。

(四)水文地质特征

1. 含水层组特征

本区浅层含水层属第四系黄河冲积砂层,从长垣县到台前县,含水层岩性由中砂、细砂渐变为细砂、粉砂,厚度由 30~60 m 渐次变为 14~30 m。相应的地下水富水性也由强变弱,单位涌水量由 15 $m^3/(h \cdot m)$ 逐渐降低为小于 4 $m^3/(h \cdot m)$。

2. 地下水补径排条件

该区地下水主要接纳降水入渗和黄河及引黄渠道侧渗补给,地下水流向受黄河侧渗的影响,由黄河向滞洪区北界金堤河径流,受地形条件和开采强度的制约,水力坡度平缓,一般为 0.3‰~0.4‰,除滞洪区西端及濮阳市东油田开发区水位埋深大于 4 m 外,大部分区域为 2~4 m,黄河背河洼地内水位埋深小于 2 m,地下水排泄以蒸发为主,其次为人工开采和金堤河一带的侧向径流排泄。地下水动态相对稳定,一般年内变幅 0.5~2.0 m。

3. 地下水水化学特征

滞洪区地形低洼,水位埋藏浅,地下水蒸发浓缩作用较为剧烈,水化学类型较复杂(见图 3-28),可概化为三个区:西段(范县—梨园以西)阴离子以 HCO_3^- 为主,阳离子以 Ca^{2+}、Na^+、Mg^{2+} 为主,水化学类型主要为 $HCO_3 - Ca \cdot Mg$、$HCO_3 - Ca \cdot Na \cdot Mg$、$HCO_3 - Na \cdot Mg \cdot Ca$;中段(范县—台前一带)阴离子以 HCO_3^-、Cl^- 为主,阳离子以 Na^+、Mg^{2+}、Ca^{2+} 为主,水化学类型主要为 $HCO_3 \cdot Cl - Na \cdot Mg$、$HCO_3 \cdot Cl - Ca \cdot Na \cdot Mg$;东段(台前以东),阴离子以 HCO_3^- 为主,阳离子以 Ca^{2+}、Na^+、Mg^{2+} 为主,水化学类型主要为 $HCO_3 - Ca \cdot Na \cdot Mg$ 和 $HCO_3 - Na \cdot Ca \cdot Mg$。

除范县南外,大部分地区地下水矿化度小于 1 g/L;总硬度超标区($CaCO_3$ 含量大于 450 mg/L)分布于柳屯—梨园以东的大部

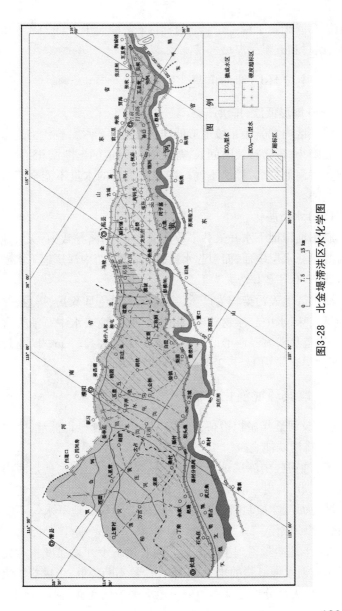

图3-28　北金堤滞洪区水化学图

分地区和濮阳—子岸一带;F⁻超标区(含量大于 1 mg/L)分布于长垣、梁村和五星—濮城一带。

二、主要环境地质问题

(一)地形低洼,排洪不畅

滞洪区内尤其是东段地形低洼,地面坡降平缓,排涝河道金堤河纵坡降小,排涝持续时间长,加之黄河河道的不断淤积抬高,金堤河入黄河处抬高,排泄不畅。造成分洪后的水量不能全部自流退入黄河。

(二)水质恶化

濮阳油田地下水开采井多数为混合开采井,导致中、深层地下水沿井壁滤水层串通,而引起水质恶化,如文留中深层地下水矿化度由 0.7~0.8 g/L 增大为 1.7~2.5 g/L。

滞洪区地表污染较为严重,金堤河水颜色呈灰褐、褐色,并伴有异臭气味,水中悬浮物较多;油田采油区,地表水中石油类含量较高,如范县濮城濮西干渠水中石油类含量达 12.7 mg/L,是地下水(石油类含量为 1.5~2.1 mg/L)的 6~8.5 倍。

三、地质环境演化分析

(1)黄河逐年淤积抬高,使得滞洪区地形越显得低洼,金堤河的排洪、排涝功能衰减。

(2)油田区中深层地下水开采强度不断增大,尤其是濮阳南的五星一带、柳屯—濮城一带中深层地下水位下降明显,经过与濮阳城区地面沉降控制因子对比分析,随着中深层地下水位不断下降,将引发地面沉降。

(3)土地质量得到不断改良。随着地下水开采强度相对提高和引用黄河水灌溉量的增大,土壤含盐量不断降低,土壤盐渍化现象不明显,大部分地区基本消失。地下水矿化度也在不断降低,尤以濮阳—长垣矿化度降低现象最为明显,表现在 20 世纪 60 年代初期的浅层水矿化度一般为 1~2 g/L,现状则小于 1 g/L。土体质量及浅层水水质得到明显改善。

(4)人类工程活动。①社会经济状况:北金堤滞洪区涉及 2 省 7 县(其中河南省 5 县),67 个乡镇,2 227 个村庄,人口 157.2 万人,耕地 15.52 万 hm²,其中河南省 57 个乡镇,2 131 个村庄,156.15 万人,14.96 万 hm² 耕地,京九铁路、新菏铁路、濮阳—台前铁路及部分国道、省道都穿越滞洪区。约 150 亿元的固定资产,中原油田 84% 的生产设施在滞洪区内。②工程现状:渠村分洪闸位于濮阳县渠村黄河左岸大堤上,建成于 1978 年 5 月,该闸共 56 孔,总宽 749 m,设计分洪流量 10 000 m³/s;北金堤:为滞洪区的北围堤,始建于东汉,距今 1 900 多年,1855 年黄河改道后,该堤位于现行河道以北,故称北金堤,全长 123.33 km,现有险工 19 处,工程长度近 33 km;张庄闸:位于台前县吴坝乡,为金堤河入黄河的退水、排涝、挡水、倒灌多用闸。设计防洪水位 46.0 m,共有 6 孔,过流能力 1 000 m³/s,如滞洪区分洪运用,进入滞洪区下部的流量可达 6 000 m³/s,而张庄闸退水能力大大小于进入闸前流量,造成较大淹没损失。

第四章 黄河下游悬河稳定性
影响因素分析

黄河自古就具善淤、善徙、善决的特点。有史记载以来,下游决溢达 1 500 次之多,改道 26 次,其中大改道 5 次。黄河下游现行河道 1875~1938 年间地上河两岸大堤决口 116 次。影响黄河下游决溢改道的因素较多,据以往各方面专家研究,主要可归纳为:因河流高含泥沙,而使下游淤积成悬河;自然或人工节点控导,不良地貌等因素使游荡性水流在粉土质敏感性河床上易形成斜河、横河;为御敌或保护重要政治经济中心而人工决溢导流;灾害性降雨产生高含泥沙大洪水导致决溢;新构造运动,尤其是第四纪以来或近代仍在活动的断裂、近代及现代的沉降或隆起、地震活动等;海平面升降引起的侵蚀基准面的变化,从而造成的侵蚀或淤积对河床稳定的影响等。本章仅从地质角度分析影响黄河下游悬河稳定性的诸因素。从黄河下游现河道的展布方向可以看出,其各河段走向都与新构造运动有关。

第一节 地质构造对悬河稳定性的影响

一、新构造运动控制下游悬河河道走向

(一)隐伏活动性断裂

隐伏活动构造可控制黄河河道的具体走向、沉积边界,横切河道的断裂或断裂交汇点则控导历史上重要的决溢点。顺向断裂河

床沿下降盘发育,若发生掀斜作用,还可向上升盘滚动;断裂两盘的活动性质还可沿走向发生逆向变化,从而对河流走势或决溢产生相应的影响。郑州—兰考断裂,走向为近东西向,属济源—开封坳陷南缘超壳断裂组的一支,其控导黄河全新世以来出山后的流向,加上太行山向南的掀斜作用,而使其向南岸滚动(见图4-1)。老鸦陈断层与左岸相交的白马泉附近,花园口断层与黄河相交的花园口附近,聊兰断裂带与新乡—商丘断裂交汇点,聊兰断裂与黄河相交的董口附近等都是历史上重要的决溢点。1855 年铜瓦厢决口后黄河沿聊兰断裂带行河。

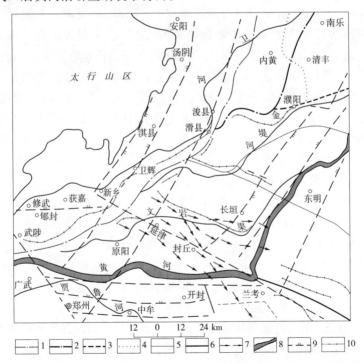

1—禹河故道;2—西汉故道;3—东汉故道;4—北宋故道;5—南宋故道;6—明清故道;
7—1171 ~ 1448 年河道走势;8—现行河道;9—隐伏活动性断裂;10—古堤或故道残坎

图 4-1　黄河古河道与隐伏活动断裂构造关系

（二）近、现代沉降中心决定行河范围

华北坳陷是中新生代形成的坳陷盆地,自形成以来处于总体沉降,但沉降速率因时、因地有所差异,沉降时间长、速率大的区域为相对坳陷区,相对坳陷而抬升的区域为隆起区。黄河在地史时期和历史时期多沿坳陷中心行河。有史记载以来,北东方向行河时间远远大于南东方向行河时间,其原因是华北坳陷北段沉降速率大于南段,同时自晚更新世以来,渤海沿岸沉降速率大于黄海沿岸,11 万年以来沧州一带平均沉降量 0.5 mm/a,而徐州以东基本稳定。1951～1982 年地形变测量显示,渤海沿岸沉降速率 3～30 mm/a,而苏北黄海沿岸沉降速率仅 1～2 mm/a,沉降速率大对行河排沙有利,所以自晚更新世以来黄河入渤海时间远远大于入黄海时间,华北平原北段黄河堆积物厚度大于南段也证明了这一点。黄河现河道除范县—济南段穿越鲁西台隆外,其他河段都基本沿沉降速率大的济源—开封坳陷、东明断陷、济阳坳陷的沉降中心地带行河。据国家地震局第一地形变监测中心 1951～1986 年地壳垂直变形值(1:400 万中国地形垂直形变速率图,1992),黄河下游沿黄地带除泰山隆起和内黄隆起上升外,其他地段均为下降(见图 4-2)。因此,新构造运动活动强烈的沉降带或发育的顺向活动断裂,以及由此形成的坳陷或地堑中心带,与活动断裂配合决定了各历史时期的行河范围。当然,黄河进入下游后的淤积速率大于构造沉降速率,加上人工对河流施加的影响,使构造活动对河流的控制作用显现不出来,但纵观整个下游区黄河沉积物的厚度就可看出,其凹陷区的厚度远大于凸起区,说明新构造运动对行河范围具有一定的导控作用。

（三）新构造掀斜运动与沉降中心迁移对悬河河道走向的影响

中更新世以来,由于太行山隆升,使其东南麓发生了间歇性依次向外的掀斜运动。禹河故道至河南豆公集东被漳河冲积扇覆盖,到河北曲周—巨鹿一线以东又有清晰卫星影像显示;西汉故

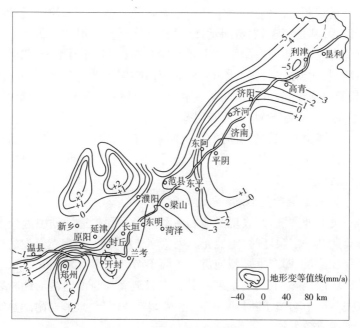

图 4-2 黄河下游沿河垂直地形变率图(据叶青超等,1997)

道、北宋故道北支也被山前冲洪积扇前缘压覆。据张克伟研究,4 000年来,沁河、漳河、滹沱河冲积扇分别在黄河冲积扇上推进超覆了30 km、40 km、50 km,黄河行河范围则依次从太行山麓沉降带迁移到濮阳—清丰—临清沉降带、中牟北—商丘沉降带和郑州—开封—东明沉降带,证明了新构造掀斜运动和沉降中心迁移是造成黄河河道迁徙的主要因素。黄河孟津宁嘴—东坝头段向南岸滚动侵蚀,长垣—济阳河段向北西侧滚动侵蚀分别为太行山和泰山隆升掀斜运动的结果。

二、黄河下游穿黄、临黄断裂对悬河稳定性影响

黄河下游地区断裂较多,均为隐伏状,主要为北北东向、北西

向和近东西向,对悬河稳定性产生影响的主要是那些深大活动性断裂,尤其是穿黄、邻黄活动性断裂,其活动性对堤防工程地基稳定危害较大,北北东向断裂主要有聊兰断裂、太行山东麓断裂、长垣断裂、黄河断裂、曹县断裂等;北西向断裂主要有新乡—商丘断裂、老鸦陈断裂;近东西向断裂主要有郑州—兰考断裂、郑汴断裂、菏泽断裂、郓城断裂、安阳断裂等。

上述穿越和临近黄河的深大断裂,新生代以来一直处于活动状态,时强时弱并持续至今。断裂活动方式主要有两种,一是突变式,二是渐变式。

(一)断裂突变活动

突变即灾变,其表现为地震活动。当深部构造活动引起能量聚集达到一定限度时,则地壳产生急剧破坏变形,以突然爆发的形式释放能量,即产生强烈地震。黄河下游地区多次发生6级以上的破坏性地震(有历史记载),其大多数地震都与前述活动性断裂有关。震中均位于断裂交汇部位、断裂带或附近,地震对附近建筑物都造成较大的破坏。

菏泽地震,7级,发生于1937年8月1日4时35分,当日下午18时41分又发生一次6.75级地震。震中位于聊兰断裂南段之北西向压剪性断裂带上。两次震中相距很近,菏泽、东明为极震和严重破坏区,地表产生大量地裂缝,宽者达1 m,并造成大量人员伤亡和房屋倒塌。据黄河水利委员会调查,这次地震波及到黄河大堤东明—旧城段,地震烈度为Ⅶ度,地震时在高村、冷寨、祥寨、黄庄等地的大堤背河堤脚,均发生喷水冒砂现象,高村堤脚产生宽20~30 cm,长200 m的裂缝。张口大堤也发现有裂缝现象。这次地震造成沿黄的封丘、长垣、高唐、朝城、寿张、东阿、东平、开封等地的部分房屋倒塌。

渤海地震,7.4级,发生于1969年7月18日13时24分,震中位于沂沭断裂和北东向渤海断裂的交汇处,震源深40~50 km。

垦利、利津等地出现地裂下沉,涌水喷砂,地裂缝长 0.5~3 km,宽 10~50 cm,密集成带,而且黄河河口段大堤上数处发现裂缝、滑塌、下沉等严重破坏现象,裂缝既有横向裂缝,也有纵向裂缝,背河洼地地震时地面喷水冒砂密集,均为砂土液化造成。

另外,发生于 1983 年 11 月 7 日的菏泽 5.9 级地震,也使附近黄河大堤产生裂缝。

(二)断裂渐变活动

断裂的渐变即蠕变。华北坳陷的基底由结晶岩组成,为刚性体,而区内新生代以来的构造应力场为张应力场,故构造活动以张裂活动为主。因此,黄河下游穿黄、邻黄深大活动断裂性质多为张性或张剪性。所以,也有学者称华北盆地为裂谷盆地。这些深大断裂首先发生于地壳深部,随着时间推移和多期继承性活动,渐次上延至地表,形成地裂缝,影响堤防稳定。

前已述及,黄河大堤上的决溢点,尤其是决溢点密集分布处都与穿黄活动性断裂有关,如郑州保合寨与北西对岸的武陟二铺营、中牟万滩—九堡与对岸的原阳太平镇,开封马庄与对岸的封丘荆隆宫、兰考东坝头等均为活动性断裂的穿黄处,也是历史上黄河决口的多发地段。桃花峪冲积扇、兰考次级扇的顶点都在活动性断裂带上也证明了这一点。据分析,黄河有史记载以来的四次大改道处,均位于活动大断裂与派生断裂的交汇部位或压剪性断裂带上(见图 4-3)。这说明断裂活动对古河道稳定性所造成的灾难性破坏和影响是毋庸置疑的。同样,现下游河道多处被活动大断裂切割,其对悬河稳定性潜在威胁和影响也是不容忽视的。

三、构造单元对悬河稳定性影响

黄河下游地区大地构造单元分区属中朝准地台中的华北台坳和鲁西中台隆。根据其构造特征又可分为次一级的隆起和坳陷,其中与黄河演化有关的主要有济源—开封坳陷、东明断陷、内黄隆

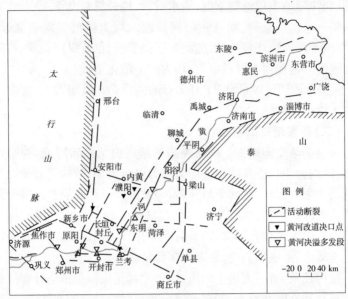

图4-3 黄河下游活动断裂与决口、改道关系示意

起、临清坳陷、黄骅坳陷、济阳坳陷、沧县隆起、埕宁隆起、鲁西隆
起、通许隆起、周口坳陷、徐淮隆起等。黄河现流路自孟津宁嘴出
山后进入济源—开封坳陷,至东坝头转向东北依次进入东明断陷、
鲁西隆起、济阳坳陷后而入渤海,黄河现穿越的主要构造单元特征
见表1-7。

(一)鲁西中台隆对河道稳定性的影响

黄河流经东明断陷,于鄄城董口进入鲁西隆起,故而河道自高
村便开始变窄,至耿山口受泰山隆起影响,河道突然收缩,宽仅
400～500 m,且弯曲度大,由高村以上的游荡性宽河道转为弯曲性
河道。因此,黄河在此泄流量锐减,排洪能力大为降低,成为黄河
下游的卡口河段。

该现象与明清故道脱离开封凹陷而穿越徐淮隆起所引起河流

特性突变的性状极为相似,结果造成明清河道虽屡治而不愈,徐州以上河段决溢不断,最终酿成铜瓦厢决口改道。虽然,这次大改道除与当时的政治腐败、经济落后和恶劣的气候条件及灾害性洪水有直接关系外,还应与这种不良的构造条件有很大关系。现河道穿越鲁西隆起和泰山隆起段与明清河道穿越徐淮隆起段具有很大的相似性,且存在的问题也相同。所以该河段对其上游河道稳定性的潜在威胁是不容忽视的。

(二)菏泽活动性凸起对河道输沙的阻滞作用

黄河下游以聊兰断裂为界,西侧为强烈沉降的东明断陷和开封凹陷,东侧(下游)为相对抬升的菏泽凸起。两者近期年均地壳垂直形变速率绝对值达 9 mm。据黄河水利委员会两岸大堤水准测量资料得出的垂直运动变形速率,东明断陷内的瓦屋砦至黄砦平均下降速率 −14.3 mm/a,李砦附近最大下降速率为 −10.1 mm/a,而董口附近运动速率左岸 −14 mm/a,右岸最大达 +16.7 mm/a,两岸运动速率差达 30.7 mm/a,可见其垂直差异升降是相当强烈的。差异升降运动造成河形变化,以高村为转折点,以上河段为游荡性宽河道,系粗泥沙的主要堆积场所。其粗泥沙(粒径大于 0.05 mm)淤积量约占黄河下游粗泥沙输移总量的 85%,以下河段,河道收缩,弯道增多,并向弯曲性河型转化。

从高村上、下河势变化及以上河段泥沙沉积特点分析,由于菏泽活动性凸起的阻滞作用,河道的输沙能力大为减弱,则使粗泥沙大部分沉积于宽河段,增大了悬河悬差。这种不良地质结构的河段,将对河道稳定性产生不利影响。

(三)开封凹陷与东明断陷的沉降加剧了河道淤积而使悬河悬差更大

开封凹陷与东明断陷为华北坳陷的次一级构造单元,受边界活动性断裂影响长期处于沉降阶段。根据国家地震局 1951 ～ 1982 年地形变资料分析,凹(断)陷内年均沉降速率一般为 −1 ～

−3 mm,沉降中心可达 −5 mm。凹陷内第四系厚度远大于周边隆(凸)起区,区中最厚可达 400 余 m,也说明凹陷区沉降中心的沉降速率最大。

黄河自郑州西北桃花峪东侧进入开封凹陷至山东东明的高村东进入菏泽凸起起,该河道长约 207 km,受凹陷长期下沉影响,该段河道成为强烈淤积河段,并为粗泥沙的主要堆积场所。所以,开封凹陷与东明断陷的持续沉降,加剧了该段河道的淤积,加上人工堤防的约束,使该段悬河悬差日益增大,其中凹陷中心的开封附近达 10 m 以上,悬河形势日益严峻,严重威胁堤防安全,这种床堤竞高的不利局面对河道稳定性的影响是显而易见的,同时凹陷边缘断裂的活动和凹陷内次一级小凸起和小凹陷的活动,更加剧了河势变化。

第二节　堤基不良土体对悬河稳定性的影响

黄河下游地区为冲积平原,地层松软,堤基以下 20 m 以内的地层岩性以全新统粉土、粉细砂为主,夹有薄层粉质黏土或黏土,高村以下黏性土增多。武陟白马泉、郑州—开封、兰考东坝头等河段堤基多为粉细砂层,其干容重仅 1.4 g/cm^3,土质疏松。其他河段多为粉土分布,粉土之下也为粉细砂。黄河两岸大堤外侧多有背河洼地分布,地下水位埋藏较浅,除部分地段为 4~6 m 外,一般小于 3 m。郑州铁路桥—陶城铺河段多为Ⅶ度烈度区,其中,新乡、原阳和范县一带为Ⅷ度烈度区。这些大堤附近分布的饱和粉细砂和粉土,在发生强烈地震时极易产生液化,造成地面喷水冒砂,地面鼓起或塌陷,地层滑移变形,地面开裂,大堤遭受破坏,尤其是大堤堤脚附近喷水冒砂危害更大。菏泽 1937 年 7 级地震时堤基土层液化很突出,背河地面大量喷水冒砂,造成堤岸滑坍、裂缝、塌陷等险情,严重破坏了大堤稳定性,地震与洪水遭遇时不但易引起大堤决溢发生,而且对大堤造成的危害将是长期的。根据有限的大堤附近的工程地质勘查资料,对大堤背河侧分布的饱和粉细砂进行液化判别,其结果是:左岸原阳原武—封丘荆隆宫段、濮阳王城固—台前清河段为强烈液化,其他堤段为中等液化;右岸中牟万滩—兰考东坝头段为强烈液化,郑州铁路桥—中牟万滩为中等液化。

堤基分布的松散粉细砂和粉土抗冲刷能力差,在河流侵蚀岸和斜河、横河、堤河发生的堤段,洪水期间易冲刷、淘空堤基,造成大堤坍塌险情,严重时酿成冲决灾害。这些松散的粉细砂和粉土渗透性强,在大洪水期间,堤内外高水位差易造成堤身及堤角渗水、管涌、流土等重要的不良地质现象,造成堤岸溃决。

黄河现行河道历史决溢频繁,决口口门多数隐伏在现今大堤之下,是堤防工程极大的隐患。大堤决口时,受当时技术条件和财力所限,堵口所用的材料多为就近所取的泥沙、秸料、树枝、石块、砖块等,这些堵口填筑土成分杂、孔隙大,加上秸料和树枝的腐烂,使口门的渗水性很大,尤其是堤外有决口潭的口门,其潭水和地下水连通。新中国成立后,对历史口门进行了比较详细的勘查和治理,如灌浆、施工混凝土连续墙等。但由于历史口门数量多,口门地质结构复杂隐蔽,所以仍需不断探查治理。

中牟九堡堤段口门是 1843 年决口造成的,口门规模较大,已隐伏于现今大堤之下。口门纵向上呈三角形,口门顶部高程 80 m 左右,长约 627.5 m,口门底部高程 49 m,长约 60 m。口门内的填土厚度近 40 m,其中含有大量的秸料。其口门附近的地质剖面见图 4-4。

另外,在郑州花园口、开封柳园口、封丘等地,堤基及附近分布有淤泥质土,多为沼泽相沉积,大堤加固或修建水工建筑物时应防止不均匀沉降。

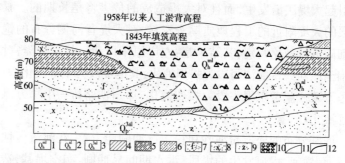

1—第四纪全新世人工堆积物；2—第四纪全新世冲积物；3—第四纪上更新世冲积物；

4—黏土；5—粉质黏土；6—粉土；7—粉砂；8—细砂；9—中砂；

10—填土；11—岩性界线；12—地层界线

图4-4　黄河大堤九堡老口门地质剖面

第三节　河道地貌及土体结构对
悬河稳定性的影响

一、河道地貌对悬河稳定性的影响

黄河下游河道内地貌系统主要分为河床、河漫滩、大堤三个系统及微地貌。

堤防是河道的边界，是人工地貌体。在河道两侧堤防的约束下，受河流淤积作用，造成现代的地上悬河地貌。所以，黄河大堤对防洪减灾，延长河道寿命起到了决定的作用，同时又因为大堤不断加高而加剧了河道不稳定因素的发生和发展。

黄河下游桃花峪—高村段为游荡性河段，河道宽浅散乱，也是悬河悬差最大的河段，俗称"豆腐腰"。由于宽河段河床的强烈淤积和漫滩的天然堤效应，更兼及因生产堤的存在而减少了洪水上滩落淤的机会,在一些宽河段,如东坝头至高村河段出现了河床平均高度高于漫滩平均高度的情况,称为"二级悬河",该不良地貌是易出现斜河、横河等不良河势突变的高危因子。河漫滩横比降的存在是黄河下游河道地貌的一个特点,较大的漫滩前缘向后缘倾斜的横比降是产生河势突变的一个重要因素。

河道内微地貌主要有串沟、临河洼地、半自然堤、生产堤、侵蚀岸等,这些微地貌的存在,也是影响悬河稳定的主要因素,不但影响河流的冲刷、淤积,还是形成滚河、横河、斜河、堤河的诱因,稍有不慎,有可能造成抗洪薄弱的堤段决口成灾,甚至会导致夺流改道。

二、河道内土体结构对悬河稳定性的影响

沿黄浅部松散土体系全新世晚期以来的黄河冲积层,其中历史时期及近代冲积物占重要地位。浅部土层,尤其是河道内的土体结构及岩性与河道的稳定性有密切关系。

黄河下游河道内浅部松散土体主要是明清以来的堆积物,其岩性构成以粉粒物质为主,兼及砂土和黏性土层,其中粗粒组分松散而渗透性强,与渗透稳定性关系密切。浅层土体与河床质沿程变化较为复杂,但变化的主要趋势是结构中的砂层组分减少,而以粉土、黏性土为主的混合叠置结构类型沿程渐次增加。高村以上河段沿黄浅部土体主要是砂层、粉土双层结构和以粉土、砂层为主的多层叠置结构类型,而渠村以下河段则粉土、黏性土混合叠置结构类型出现几率增高。下游河床质则从桃花峪至河口由粗变细。当河床质和漫滩岩性以砂土和粉土为主时,其抗冲刷能力差,易于受冲淤作用变形重塑,威胁大堤安全。同时,砂土、粉土的渗透性强,在大堤内外的高水位差影响下易产生渗透变形,造成大堤破坏。黄河下游河道Ⅶ度以上地震烈度区分布的饱和粉细砂和粉土的地震液化对大堤稳定性的影响不容忽视。

第五章　悬河失稳模式

第一节　悬河失稳模式的建立

黄河是一条洪水灾害频发的多灾河流,是中华民族心腹之患,人民治黄以来防洪建设取得了巨大成就,但洪水的威胁并未根除,且存在重要不良因子并呈发展之势。因此,调查和研究黄河下游的现状和发展趋势,评估河道失稳风险具有重要意义。

评估黄河下游河道失稳的风险,主要立足于黄河下游的以下几项基本特征:

(1)黄河下游是一条多泥沙而又易于淤积的河流;

(2)其上段是水流宽浅的游荡性河道;

(3)其是高出两侧地面的地上悬河;

(4)由疏松而敏感的粉土质土构成的河床质;

(5)在黄河防洪系统中堤防是最主要的工程设施。

黄河下游河道失稳发生洪水灾害,一般以堤防决口的破坏为标志,进而洪水泛滥成灾。对于黄河堤防,通常认为有盗、漫、冲、溃等四种失稳决口类型,除在特殊的社会状态下人为破堤决口和由于堤防力度不够而致漫决外,主要是冲决和溃决两种类型,它们都是由河流动力地质作用引发而致的河道失稳模式。另外,由于地震活动与黄河下游洪水相遇而致堤防失稳是又一个决口类型,其动因是地质内营力即地震力,可暂称为震决失稳模式。

悬河失稳的评估方法,由于是以多层次结构和多因素分析为基础,难于统一量化,所以将采取定性和定量相结合,以层次分析方法为主的综合评判方法,将定性指标数值化并将所有指标数值无量纲化。

河道失稳模式的划分是以引发事件发生的主要地质营力为依据的,所以,对地质营力及其影响和制约因素列为第一类因素。而对于受体抵御地质营力的本能因素,即自身结构、形态、强度等缺陷列为第二类因素——受体不良因素。最后,对于现代洪水,历史上曾经发生过的一些与河道失稳相关的不良工程动力地质现象,虽然这些现象本身不是引发河道失稳的因子,但却能有效地指示那些不良因子的存在,所以也可列为存在不良条件的标志因子,和其他因子一并使用,可称为第三类因素。

下面我们对悬河的三种主要失稳模式分别进行探讨。

一、冲决失稳模式

黄河在洪水期间,由于河流动力地质作用,主要是河道中的高动能水流对堤岸的强烈冲刷侵蚀,而致堤防决口,洪水泛溢的河道失稳模式称为冲决。在历史上,冲决是一种重要而常见的决堤成灾的模式。

冲决失稳模式的动因是地质外营力。具体是河流动力地质作用中的动能,即大流量及高流速水流所挟带的能量(高能水流)。在黄河中高能水流是指高流速及能量较为集中的主要汊流,一般称大溜,尤其是高含沙和高流速的大溜,具有强大的侵蚀力。自古以来,黄河堤防建设就特别重视对大溜的设防,一般在河道凹湾处及堤岸靠溜部位修建特别防护工程,古称埽工,由土、木、秸料等结构而成,其抵御洪水的能力有限;现代称险工工程,多由浆砌块石联坝及防护根石等构成,构筑物庞大,一般可有效抵御所谓大溜的冲蚀,著名的险工有花园口险工、黑岗口险工、曹岗险工等。

现在的问题是,本河段是一条宽浅游荡性河道,虽经河道治理,但对流路的控制作用仍有一定的局限,河势变化将在很长的时间内难以根本治理。这样,在洪水期间河势变化将可能改变高能水流的流路与险工设防间的相互关系为不利状态,使原来设防的险工工程脱河失效,而使设防薄弱的平工堤防靠溜而出险。因此,河势变化尤其是河势突变致使水流动能重新分布将是发生冲决险情的重要条件。因此,将引起河势变化的诸因素列为第一类因素。据调查和研究,有下列几项要素可能对河势变化存在重要影响:

(1)高动能的水沙条件,洪水或大洪水时期才有条件、有可能形成各种高含沙量的大溜,即高能水流;

(2)河流地貌,包括形态与结构,例如较大的漫滩横比降、串沟和临河带状洼地等;

(3)工程控制即河道治理对河势的约束程度;

(4)漫滩、河床土体即广义河床质的岩性与结构;

(5)科氏力;

(6)掀斜构造缓变运动的影响。

第二类因素是受体即堤防抵御洪水的能力问题。

堤防——平工和险工及有无河漫滩隔离等,其对大溜的冲刷侵蚀的抵抗能力有很大差异。

最后是第三类要素,即河势的历史演变,由此可模糊判定或暗示此处有制约或促成河势变化的潜在因素,或工程治理方面存在较显著的弊端。

(1)几十年来河水流路变化状况;

(2)"96·8"洪水的启示。

冲决失稳模式的演变过程见图5-1。

二、溃决失稳模式

黄河下游是一条地上悬河。在行洪时期,河水位上涨,其与两

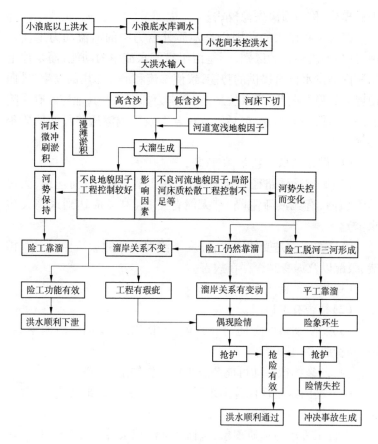

图 5-1 冲决失稳模式演化过程

侧地面之间可形成巨大的水位悬差。悬差一般可达数米至十余
米,并沿临黄堤形成一个高水力梯度带。如果在堤防下或堤防中
存在有易渗透土层或其他病害土体,并且高水位能保持较长时间,
这样,将在主水力梯度带上的不良土体中形成渗透浸润、渗流以及
潜蚀作用形成的管涌、流土等险象进而可致使堤防溃破而决口的

失稳模式,称为溃决失稳模式。

溃决失稳模式的动因仍是地质外营力中的河流动力地质作用,其与冲决模式的区别,不是由于高能水流中的动能,而是地上悬河内高洪水位所提供的势能,致使渗流和潜蚀作用的发生,进而使堤防失稳。因此,高水位悬差、高水力梯度以及其他与此有影响的因素为第一类因素,包括洪水位悬差及影响渗透路径的地质条件等。

（1）设计洪水位悬差,临背差;

（2）影响渗透路径的地质条件,根据有关临、背河洼地,大堤是否靠河,有无漫滩阻隔,有无淤背工程（高度应达到最高设防水位）。

第二类因素是受体因素,即堤下浅部土体的渗透性、结构、构造、级配以及堤身是否存在病害。

（1）堤下不良土体;

（2）是否有老口门;

（3）历史遗留的堤防潜在缺陷:不良构筑土、旧坑道洞室、裂隙、动物洞穴;

（4）断裂构造活动可能造成土体结构缺陷。

第三类因素是现代曾出现过的不良工程动力地质现象,曾指示或暗示堤防不良因素的存在。

不良工程动力地质现象,包括背河渗积水、管涌、流土、堤身渗水垮塌等。

溃决失稳模式的演变过程见图5-2。

三、震决失稳模式

黄河下游河道一些河段流经于强和较强地震活动带。

地震活动与黄河下游洪水相遇,而致使堤岸损毁,发生洪水灾害的事故称做震决破坏成灾模式。该类型事件属于小概率事件。

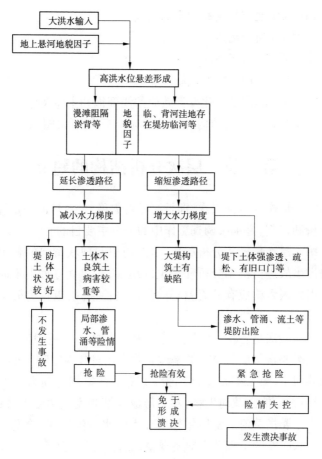

图 5-2　溃决失稳模式发展过程

震决模式引发的动因是地质内营力即地震力作用,地震力直接作用于防洪工程构筑物引起破坏,或地震首先引发浅部可震动液化的饱和砂土液化变形,进而引起堤防等构筑物失稳,都可造成黄河失事,铸成洪水泛滥灾害,致灾的第一类主动因素包括:

（1）区域地震烈度和发生的频度；

（2）活动断裂构造。

第二类受体不良因素有：

（1）堤防等构筑物的抗震性能；

（2）可引起震动液化变形效应的浅部饱和土体及分布。

震决失稳模式的结构及形成机制较简单，不再图示。

第二节　层次分析结构的建立

第一层次为目标层次，即悬河是否失稳，是对悬河稳定性的总体分析和评判，是本次调查工作中的一个主要目的。

第二层次是模式分析层次，是对历史和现状黄河的各种险情和决溢事故进行机制分析和抽象的结果，并建立三种由不同地质营力引发因素构成有显著差异的悬河失稳模式，以作为分析和评判的核心。

第三层次是各模式的因素主要构成层次，每一失稳模式由二类或三类要素构成。第一类是地质营力及对其强度和分布有重要影响的因素；第二类是受体因素，主要是指抵御主动力的本能要素，受体将可能因此而失稳，甚至形成险情和发生决溢事故；第三类因素主要指黄河下游历年较大和大洪水行洪期间，曾发生过一些由洪水引发的工程动力地质现象，如背河渗水管涌、河势变化等引发的险情，这些现象已指出或暗示重要不良因素的存在，因此我们将之列为第三类因素。

第四层次是基本因子层次。每一个因素一般由一至多个因子组合而成。因子之间的关系有协同也有拮抗作用。本层次的机制分析是量化和赋权的基础。

河道失稳层次分析见表5-1。

表 5-1　河道失稳层次分析

第一层次	第二层次——模式分析	第三层次——主要因素构成		第四层次——基本因子分析(列举)
河道失稳评判	冲决模式	I类	高动能水沙条件 河流地貌 河道工程治理控制程度 广义河床质 科氏力 掀斜缓变构造活动的影响	洪水大溜形成(高流速、大流量) 河漫滩、床滩比高,漫滩横比降、串沟等 控制程度较好或控制程度较差等 土体结构构造按抗冲刷侵蚀能力分档 各河段不同档次的科氏力
		II类	堤防抗冲刷能力	可分为有无较高漫滩阻隔,平工或险工堤段
		III类	几十年来河水流路演变状况 近期洪水活动的启示	划分为变化较大和变动不大等档次
	溃决模式	I类	设计洪水位差(及临背差) 影响渗透路线的地质环境	洪水悬差、临背差 有否有临、背河洼地,是否已淤背等
		II类	堤下不良土体 是否有老口门 历史遗留的堤防潜在缺陷 构造活动可能引起的土体缺陷	K、M值,级配,有否防、截渗工程,堤内外有否地质缺陷 有口门群、有口门和无旧、老口门 不良构筑土体、洞穴、空洞、裂隙等 按与主要活动断裂的距离划分
		III类	不良工程动力地质现象	曾发生过的堤外渗水渗流积水、管涌流土垮塌等
	震决模式	I类	区域地震烈度和频度 活动断裂构造	烈度分级 沿主要活动断层划出宽1~1.5 km的易损条带
		II类	堤防等构筑物的抗震性能 可能引起震动液化的饱和砂土的分布	按设计 易液化土体存在、盖层厚度,地下水位等

第六章　悬河稳定性评价

悬河稳定性可定义为维持悬河河道输水输沙的能力。影响悬河稳定性的因素很多且复杂,人类历史以前(地史期)的黄河沉积与河道变迁受自然因素的制约,而进入人类历史时期以来,黄河的泥沙沉积和河道变迁除受自然因素制约外,同时受人类活动的控制,并随着人类文明的不断进步,黄河受人类工程活动的控制程度越来越强烈。人类不但在一定程度上控制河流的输水输沙能力,而且还在不断地提高对洪水的调控能力(水库),这两点使现今的悬河稳定程度得以提高。事物是在不断发展着的,影响悬河稳定性有长期缓慢因素,也有突发因素(如地震、洪水等)。就其悬河的缓慢演化(淤积抬高)也是有限度的,如何从自然因素(地质环境)以及人类活动引发的地质地貌条件变化评价悬河的稳定性,对近期和远期治黄战略的制定具有重大意义。

第一节　评价原则

悬河稳定性评价原则如下:

(1)分层次原则。控制黄河演化变迁的地质因素有地壳活动性、堤基的工程地质特征(软基、砂基等)、河道地貌与土体结构等。将这些因素对悬河稳定性的影响划归为三类(或称三个层次),即构造因素、堤基因素、河道地质地貌因素。

(2)分主次原则。在每层次稳定性的评价过程中,根据影响因子的主次地位不同,不同性质、不同部位的河段,评价因子的主次关系是不同的。

(3)充分体现地质因素与人类工程治理现状相结合的原则。

第二节　评价方法的选择

根据各个层次对悬河稳定性的影响机理及本次工作的性质和程度,分别采用如下评价方法:

第一层次构造因素——悬河稳定性评价方法采用指标分析法。

第二层次堤基因素——悬河稳定性评价方法采用堤基工程地质特性法。

第三层次河道地质地貌因素——悬河稳定性评价方法采用模糊数学综合评判法。

第三节　悬河稳定性评价

一、构造因素——悬河稳定性

黄河河道带及其附近的地壳活动形式主要有两种:一是受活动性断裂控制的地质结构特征和差异性升降运动;二是沿断裂的随机突发性的活动形式(地震)。沿河道方向的差异性升降运动宏观地控制着河流地貌及其发展趋势。纵向上:花园口—高村段,河道处于持续下降的开封凹陷、东明断陷之中,地壳下降速率大,淤积强烈,河床宽、浅、散、乱,河势易变,呈游荡型,主流摆幅 3～5 km;高村以下河段,河道处于鲁西隆起之西北缘,地壳处于相对抬升状态,河床相对下切成窄深状,主流摆幅 0.5～1.5 km。横向上:同样受构造断块的差异性升降(掀斜)作用,使河道产生横向差异淤积,即相对抬升部位,流速缓慢,淤积较快,迫使主流向相对下降岸滚动,如开封凹陷区,黄河主流多靠近右岸,鲁西隆起区,主流多靠近左岸。地震破坏表现为堤岸的震动破坏、地面破裂和堤基震动液化等形式。

(一)影响因子及评判指标的确定

影响地壳稳定性的因子归为五项,根据其特性将稳定性划分为四个级别(见表6-1)。

表6-1 构造因素——悬河稳定性分级与指标综合表

稳定性分级	因子(指标)					
	地壳结构	地面升降速率(mm/a)	活动断裂	重力梯度(毫伽/km)	地震	
					震级	烈度(度)
基本稳定	块体结构,缺乏深断裂或仅有基底断裂,地壳完整性好	<1.0	无活动性断裂或仅有Q_2以前断裂	≤0.6	<5.5	<Ⅶ
次不稳定	镶嵌结构,深断裂断续分布,地壳完整性好	1.0~2.0	有活动断裂切入Q_2地层	0.6~1.0	5.5~6.0	Ⅶ~Ⅷ
不稳定	块裂结构,深断裂连续成平行的带,断裂密度大,地壳破碎	2.0~3.0	活动断裂切入Q_3地层	1.0~1.5	6.0~7.0	Ⅷ~Ⅸ
极不稳定		>3.0	活动断裂切入Q_4地层	≥1.5	>7.0	≥Ⅸ

(二)各构造单元指标特征值

根据第一章第三节区域地质构造所述的构造单元作为本层次评价单元。各单元实测及收集的指标特征见表6-2。

(三)稳定性评价

通过构造单元特征与稳定性分级指标对比和综合分析,评判得出各构造单元(即悬河河段)的稳定性(见表6-3)。

表 6-2　构造单元指标特征一览表

单元及编号	指标					
	地壳结构	垂向地形变速率（mm/a）	活动断裂	重力梯度（毫伽/km）	地震	
					最大震级	烈度（度）
①济源—开封坳陷	镶嵌结构,有深断裂分布,如郑汴断裂、原阳断裂等,地壳完整性较差	−2～−4	第四系厚度变化大,断层切入第四系中更新统	1.1	5.5	Ⅶ～Ⅷ
②东明断陷	地裂结构,深断裂（长垣断裂、黄河断裂）连续成平行带,北西向深断裂（如安阳—范县断裂）横穿,断裂密度大,地壳破碎	−3～−4	断层上切达 Q4	2.0	6.5	Ⅶ～Ⅷ
③内黄隆起	块体结构,断裂不发育,地壳较完整	0～+2	活动断裂不发育	0.57	4.75	Ⅶ
④鲁西隆起	镶嵌结构,深断裂断续分布,地壳完整性较差	−1～+2	有微弱型活动断裂	0.8	7	Ⅶ
⑤汤阴断陷	镶嵌结构,东西两侧为岩石圈深断裂,地壳破降	+1～+2	断裂强烈活动,断裂两侧全新统厚度明显差异	2.20	6	Ⅶ～Ⅷ
⑥山西台隆	块体结构,深断裂不甚发育,地壳较完整	+1～+2	断裂活动微弱	0.95	4.7	Ⅵ
⑦通许隆起	块体结构,断裂不发育,地壳完整性较差	+1～+3	活动断裂不发育	0.44	6	Ⅵ
⑧嵩箕台隆	块体结构,有基底型断裂分布	0～+1	分布较强活动断裂	0.82	4.3	Ⅵ

表6-3　悬河河段地壳稳定性评价

构造单元	稳定性等级	悬河河段	简要特征
②东明断陷	极不稳定	东坝头—杨集	地壳破碎,发育深大断裂,活动较强烈,差异性升降运动明显,地震烈度Ⅶ~Ⅷ度
①济源—开封坳陷	不稳定	花园口—东坝头	垂向地形变速率较大,发育深大断裂,活动性较明显,地震烈度Ⅶ~Ⅷ度
⑤汤阴断陷		—	
④鲁西隆起	次不稳定	杨集—陶城铺	地壳完整性较差,深断裂有微弱活动,历史最大地震Ⅶ级,地震烈度Ⅶ度
⑦通许隆起		—	
③内黄隆起	基本稳定	—	地壳较完整,深断裂不发育
⑥山西台隆		—	
⑧嵩箕台隆		—	

二、堤基因素——悬河稳定性分析评价

影响悬河稳定性的堤基因素主要是砂基震动液化和渗透变形,也是造成大堤溃决出险的重大因素。

渗透变形问题主要通过大堤复背工程和重点地段截渗墙工程逐步得到解决,而砂基震动液化仍然为影响悬河稳定性的主要因素。根据堤基砂土的液化等级可将悬河稳定性划分为两个级别(见表6-4)。

表6-4　悬河河段堤基稳定性评价

稳定性分级	液化等级	悬河堤段
不稳定	严重液化	右岸花园口—东坝头,左岸武陟—陟门、坝头—陶城铺
次不稳定	中等液化	左岸陟门—坝头

应该清醒地认识到,随着人类工程对黄河约束程度的不断提高,黄河河道地貌结构出现了新的变化。这一点已在第三章第四节进行了较详尽阐述。尤其是东坝头—高村河段,河床平均高度高于两侧一级漫滩的现象越来越明显,马寨断面高差大于 1 m,洪水期间将形成大于 2 m 的水头差,且控导工程直接坐于新近堆积的松散粉土、粉砂之中,堤基渗透路径短。堤基的渗透破坏问题将随着二级悬河高差的增大突出出来。这一点在黄河治理规划中应引起足够重视。

三、河道地质地貌因素——悬河稳定性的模糊数学评价

对悬河稳定性的地质地貌影响因素采用模糊综合评判法:即根据给出的评价标准和实测值,经过模糊变换评价地质地貌因子对悬河稳定性的影响。它克服了综合指数法存在的某些缺点,摒弃了指数法以二值逻辑为基础的"非此即彼"的分类法中的不合理性,以隶属度择近归类原则进行分类,因此它能获得符合实际的评价效果,其原理可用模式 $A \cdot R = B$ 表示,式中 R 称为模糊变换器,A 称为输入,B 称为输出。

R 是由若干个单因素评价结果构成的模糊关系矩阵,它表示从被评判要素到评定等级的一种模糊转化关系,标准形式为:

$$R = r_{ij} = \begin{bmatrix} r_{11} & r_{12} & \cdots & r_{1n} \\ r_{21} & r_{22} & \cdots & r_{2n} \\ \vdots & \vdots & & \vdots \\ r_{m1} & r_{m2} & \cdots & r_{mn} \end{bmatrix} \quad (0 \leqslant r_{ij} \leqslant 1)$$

A 是由各评价因子的权数分配构成的一个 m 维向量,或称行矩阵。

B 是要求的评价结果,它是评价集上的一个模糊子集,也用一个 m 维行向量的形式表示:

$$B = (\mu(x_1), \mu(x_2), \cdots, \mu(x_i))$$

它的各个元素是各因子对评价等级的隶属度。

(一)悬河稳定性地质地貌因子分级标准的确定

影响悬河稳定的地质地貌因子较多,根据实际调查成果及已有资料综合分析,将影响悬河稳定的地质地貌因子确定为12个,并给出稳定性分级标准(见表6-5)。

表6-5 悬河稳定性地质地貌因子分级标准表

稳定性级别			基本稳定	次不稳定	不稳定	极不稳定	平均值
地质地貌因子	二级漫滩	土体结构类型	1.0	0.8	0.5	0.3	0.65
		宽度(km)	3.4	2.4	1.5	0.5	1.95
		横比降(‰)	0	−0.5	−1.0	−1.5	−0.75
		串沟深(m)	0	0.25	0.75	1.0	0.5
		堤河深(m)	0	0.5	1.0	2.0	0.875
		与一级漫滩高差(m)	2.0	1.33	0.67	0	1.0
	一级漫滩	土体结构类型	1.0	0.8	0.5	0.3	0.65
		宽度(km)	10	7.4	4.7	2.0	6.03
		横比降(‰)	0	−0.5	−1.0	−1.5	−0.75
		滩床高差(m)	2.0	1.33	0.67	0	1.0
	临背差		0	2.5	5.0	7.0	3.625
	河道曲率		1.1	1.2	1.3	1.4	1.25
说明	土体结构类型归为四类:①粉土与粉质黏土互层;②粉土+粉质黏土+粉砂;③粉土;④粉土与粉砂互层(分别对应不同稳定级别),根据调查分析结合经验对各稳定性级别赋值						

(二)模糊综合评判(以左岸调查路线028为例)

本次评价以调查路线为单位,即每个调查路线作为一个"样品"。

1.建立模糊关系矩阵

由于模糊关系矩阵是由样品中单因子评价集构成的,因此首先进行样品的各项单因子评价,即求各单因子对不同稳定性级别的隶属度。计算隶属度采用"中值法",于是得路线028各因子实测值对各级稳定性的隶属度如表6-6所示。

表 6-6　路线 028 地质地貌因子实测值对各级稳定性的隶属度

因子		隶属度			
		$\mu_{\mathrm{I}}(x)$	$\mu_{\mathrm{II}}(x)$	$\mu_{\mathrm{III}}(x)$	$\mu_{\mathrm{IV}}(x)$
二级漫滩	土体结构类型	0	1	0	0
	宽度(km)	1	0	0	0
	横比降(‰)	0	0.2	0.8	0
	串沟深(m)	—	—	—	—
	堤河深(m)	—	—	—	—
	与一级漫滩高差(m)	0	0	0	1
一级漫滩	土体结构类型	0	0	0	1
	宽度(km)	0	0	0.185	0.815
	横比降(‰)	1	0	0	0
	滩床高差(m)	0	0.803	0.197	0
	临背差(m)	0	0.8	0.2	0
	河道曲率	0.83	0.17	0	0

注:$\mu_{\mathrm{I}}(x)$、$\mu_{\mathrm{II}}(x)$、$\mu_{\mathrm{III}}(x)$、$\mu_{\mathrm{IV}}(x)$分别是各因子对不同稳定级别的隶属度。

2. 计算权数的分配

采用超标指数法求各因子权数(见表 6-7),则路线 028 各因子权数值为:

$$A = (0.108, 0.244, 0.106, 0.021, 0.041, 0.036, 0.187, 0.106, 0.073, 0.079)$$

表 6-7　路线 028 地质地貌因子权数计算表

因子		实测值	稳定级别均值	权数	归一化后权数
二级漫滩	土体结构类型	0.8	0.65	1.231	0.108
	宽度(km)	5.4	1.95	2.77	0.244
	横比降(‰)	−0.9	−0.75	1.20	0.106
	串沟深(m)	—	—	—	—
	堤河深(m)	—	—	—	—
	与一级漫滩高差(m)	0.3	1.25	0.24	0.021

	因子	实测值	稳定级别均值	权数	归一化后权数
一级漫滩	土体结构类型	0.3	0.65	0.462	0.041
	宽度(km)	2.5	6.03	0.41	0.036
	横比降(‰)	1.6	−0.75	2.13	0.187
	滩床高差(m)	1.2	1.00	1.20	0.106
	临背差(m)	3.0	3.625	0.828	0.073
	河道曲率	1.117	1.25	0.894	0.079

说明:

3. 综合评判

根据模糊变换原理进行综合评判,为提高评价的准确性,采用"Ⅰ"型综合评判法,即:

$$\boldsymbol{B}_{\mathrm{I}} = \boldsymbol{A} \cdot \boldsymbol{R} = (0.108, 0.244, 0.106, 0.021, 0.041, 0.036,$$

$$0.187, 0.106, 0.073, 0.079) \cdot \begin{bmatrix} 0 & 1 & 0 & 0 \\ 1 & 0 & 0 & 0 \\ 0 & 0.2 & 0.8 & 0 \\ 0 & 0 & 0 & 1 \\ 0 & 0 & 0 & 1 \\ 0 & 0 & 0.185 & 0.815 \\ 1 & 0 & 0 & 0 \\ 0 & 0.803 & 0.197 & 0 \\ 0 & 0.8 & 0.2 & 0 \\ 0.83 & 0.17 & 0 & 0 \end{bmatrix}$$

$= ((0.108 \times 0 + 0.244 \times 1 + 0.106 \times 0 + 0.021 \times 0 + 0.041 \times 0 + 0.036 \times 0 + 0.187 \times 1 + 0.106 \times 0 + 0.073 \times 0 + 0.079 \times 0.83),$ $(0.108 \times 1 + 0.244 \times 0 + 0.106 \times 0.2 + 0.021 \times 0 + 0.041 \times 0 + 0.036 \times 0 + 0.187 \times 0 + 0.106 \times 0.803 + 0.073 \times 0.8 + 0.079 \times 0.17), (0.108 \times 0 + 0.244 \times 0 + 0.106 \times 0.8 + 0.021 \times 0 + 0.041 \times 0 + 0.036 \times 0.185 + 0.187 \times 0 + 0.106 \times 0.197 + 0.073 \times 0.2 +$

0.079×0），（$0.108 \times 0 + 0.244 \times 0 + 0.106 \times 0 + 0.021 \times 1 + 0.041 \times 1 + 0.036 \times 0.815 + 0.187 \times 0 + 0.106 \times 0 + 0.073 \times 0 + 0.079 \times 0$））

$= (0.497, 0.286, 0.127, 0.019)$

评价结果：路线028对"基本稳定"的隶属度最大（0.497），故该处河段稳定性级别评价为"基本稳定"。

（三）评价结果

按上述方法，对本次所有调查路线逐一进行评价，路线评价结果见表6-8。

表6-8　各路线对河道稳定性不同稳定级别的隶属度及稳定性评价

顺序号		路线编号	对不同稳定级别的隶属度				稳定性评价
			$\mu_I(x)$	$\mu_{II}(x)$	$\mu_{III}(x)$	$\mu_{IV}(x)$	
左岸	01	032	0.175	0.089	0.303	0.597	极不稳定
	02	033	0.325	0.318	0.032	0.256	基本稳定
	03	031	0.062	0.225	0.136	0.577	极不稳定
	04	030	0.364	0.364	0.023	0.225	基本稳定
	05	029	0.429	0.101	0.110	0.360	基本稳定
	06	028	0.497	0.286	0.127	0.091	基本稳定
	07	027	0.561	0.098	0.274	0.067	基本稳定
	08	026	0.442	0.155	0.251	0.209	基本稳定
	09	025	0.431	0.237	0.139	0.174	基本稳定
	10	024	0.188	0.339	0.399	0.075	不稳定
	11	023	0.410	0.155	0.207	0.230	基本稳定
	12	022	0.490	0.049	0.388	0.108	基本稳定
	13	021—1	0.535	0.280	0.048	0.136	基本稳定
	14	021—2	0.361	0.243	0.231	0.166	基本稳定
	15	020	0.287	0.095	0.136	0.484	极不稳定
	16	017	0.349	0.128	0.158	0.398	极不稳定
	17	016—1	0.680	0.020	0.092	0.262	基本稳定
	18	016—2	0.083	0.170	0	0.747	极不稳定

顺序号		路线编号	对不同稳定级别的隶属度				稳定性评价
			$\mu_{I}(x)$	$\mu_{II}(x)$	$\mu_{III}(x)$	$\mu_{IV}(x)$	
左岸	19	015 + B	0.207	0.128	0.550	0.115	不稳定
	20	001—1	0.393	0.131	0.385	0.092	基本稳定
	21	002—1	0.029	0.186	0.352	0.433	极不稳定
	22	003—1	0.034	0.135	0.309	0.525	极不稳定
	23	004—1	0.202	0.079	0.428	0.290	不稳定
	24	008	0	0.326	0.527	0.146	不稳定
	25	009 + C	0	0.254	0.113	0.585	极不稳定
	26	011	0.693	0.131	0.130	0.048	基本稳定
	27	012—1	0.085	0.480	0.292	0	次不稳定
	28	012—2	0.028	0.214	0.403	0.298	不稳定
	29	013—1	0.129	0.353	0	0.561	极不稳定
	30	013—2	0.248	0.028	0.277	0.286	极不稳定
	31	013—3	0.100	0.054	0.027	0.369	极不稳定
	32	014—1	0.115	0.290	0.230	0.365	极不稳定
	33	019	0.248	0.171	0.229	0.293	极不稳定
	34	035	0.009	0.137	0.452	0.217	不稳定
	35	G	0.271	0.044	0.253	0.433	极不稳定
	36	A	0.222	0.148	0.527	0.141	不稳定
	37	F	0.378	0.032	0.167	0.425	极不稳定
	38	K	0.119	0.248	0.359	0.273	不稳定
	39	M	0.257	0.147	0.272	0.333	极不稳定
	40	M + 1	0.198	0.293	0.505	0.042	不稳定
右岸	1	1—1′	0.392	0.431	0	0.175	次不稳定
	2	2—2′	0.235	0.333	0.073	0.092	次不稳定
	3	3—3′	0.029	0.068	0.482	0.246	不稳定
	4	4—4′	0.086	0.422	0.411	0.08	次不稳定
	5	5—5′	0.089	0.419	0.365	0.125	次不稳定
	6	6—6′	0.239	0.222	0.2611	0.125	不稳定
	7	7—7′	0.042	0.180	0.514	0.262	不稳定

顺序号	路线编号	对不同稳定级别的隶属度				稳定性评价
		$\mu_{I}(x)$	$\mu_{II}(x)$	$\mu_{III}(x)$	$\mu_{IV}(x)$	
右岸	8	8—8′	0.230	0.297	0.286	0.186	次不稳定
	9	9—9′	0.173	0.220	0.292	0.180	不稳定
	10	10—10′	0.148	0.479	0.238	0.133	次不稳定
	11	11—11′	0.177	0.288	0.191	0.238	次不稳定
	12	12—12′	0.204	0.165	0.206	0.374	极不稳定
	13	14—14′	0.523	0.217	0.012	0.302	基本稳定
	14	15—15′	0.421	0.049	0.123	0.375	基本稳定
	15	16—16′	0.322	0.273	0.154	0.228	基本稳定
	16	17—17′	0.323	0.273	0.173	0.229	基本稳定
	17	19—19′	0.028	0.208	0.298	0.466	极不稳定
	18	20—20′	0.177	0.416	0.328	0.079	次不稳定

注:$\mu_{I}(x)$、$\mu_{II}(x)$、$\mu_{III}(x)$、$\mu_{IV}(x)$分别为各路线对基本稳定、次不稳定、不稳定、极不稳定的隶属度。

地质地貌稳定性评价结果见表6-9。

表 6-9 悬河河段地质地貌稳定性评价

悬河稳定级别	河段位置		影响稳定性的主要因子	备注
极不稳定	左岸	沁河口—郑州铁路桥 陡门—辛店集 陈桥—东坝头	二级漫滩宽度小,堤河较发育,临背差大(5~10 m),横比降较大,无一级漫滩	
		东坝头—坝头集	无二级漫滩,滩床高差为负值,形成"二级悬河"	
		张庄—孙口	无二级漫滩,一级漫滩宽度小,有堤河分布,临背差较大(2~4 m)	
	右岸	夹河滩—东坝头	无一级漫滩,二级漫滩宽度小,河道曲率大,临背差较大(2~4 m)	

悬河稳定级别		河段位置	影响稳定性的主要因子	备注
不稳定	左岸	包厂—陡门 坝头—张庄	无二级漫滩,一级漫滩宽度小,堤河较发育,临背差较大(2~4 m)	
	右岸	杨桥—万滩 朱庄—柳园口	无二级漫滩,一级漫滩宽度小,临背差大(5~7 m)	
		南仁—柳园口	土体结构类型为粉土与粉质黏土互层,临背差较大(3~5 m),滩床高差较小	
次不稳定	左岸	—	—	
	右岸	郑州铁路桥—杨桥 万滩—南仁	无二级漫滩,一级漫滩宽度小,滩床高差较小,临背差较小	
		柳园口—府君寺	二、一级漫滩宽度小,漫滩土体结构类型为粉土与粉质黏土互层,临背差大(5~8 m)	
		东坝头—范集	无二级漫滩,一级漫滩宽度小,临背差较小,滩床高差为负值,形成"二级悬河"	
基本稳定	左岸	郑州铁路桥—包厂	二级漫滩较发育,滩床高差多大于1 m,横比降一般大于0	
		辛店集—陈桥	滩床高差较大,土体结构类型为粉土与粉质黏土互层,横比降大于0,河道曲率较小	
		孙口—陶城铺	河道曲率、临背差较小,横比降大于0	
	右岸	府君寺—夹河滩	二级漫滩宽度较小,临背差较小,一级漫滩宽度大	

四、综合评价

随着黄河大堤治理程度的不断提高,尤其是在防治渗透变形方面采用了淤背、截渗墙和险工等治理工程,大大降低了堤防溃决的可能性。经综合分析后对悬河稳定性作出分段评价(见表6-10)。

表6-10　综合评价结果

河段位置		单因素影响评价结果			稳定性综合评价
		构造影响	堤基因素	河道地质地貌因素	
左岸	沁河口—郑州铁路桥	不稳定	不稳定	极不稳定	①沁河口—郑州铁路桥段、陡门—辛店集和东坝头—张庄段三个层次的影响因素中有1~2项为极不稳定,该河段稳定性最差,属极不稳定段,失稳模式类型为震决、冲决 ②包厂—陡门段三个层次影响因素均为不稳定,该河段稳定性差,属不稳定段,失稳模式类型为冲决 ③郑州铁路桥—包厂、孙口—陶城铺段为不稳定或次不稳定段,失稳模式类型分别为冲决、溃决
	郑州铁路桥—包厂	不稳定	不稳定	基本稳定	
	包厂—陡门	不稳定	不稳定	不稳定	
	陡门—辛店集	不稳定	次不稳定	极不稳定	
	辛店集—陈桥	不稳定	次不稳定	基本稳定	
	陈桥—东坝头	不稳定	次不稳定	极不稳定	
	东坝头—坝头集	极不稳定	不稳定	极不稳定	
	坝头集—张庄	极不稳定	不稳定	不稳定	
	张庄—孙口	次不稳定	不稳定	极不稳定	
	孙口—陶城铺	次不稳定	不稳定	基本稳定	

河段位置		单因素影响评价结果			稳定性综合评价
		构造影响	堤基因素	河道地质地貌因素	
右岸	郑州铁路桥—杨桥	不稳定	不稳定	次不稳定	①夹河滩—范集河段为极不稳定段,失稳模式类型为震决、冲决 ②郑州铁路桥—夹河滩河段为不稳定段,失稳模式类型以冲决为主,其中杨桥—万滩、南仁—柳园口段发生冲决的危险性较大
	杨桥—万滩	不稳定	不稳定	不稳定	
	万滩—南仁	不稳定	不稳定	次不稳定	
	南仁—柳园口	不稳定	不稳定	不稳定	
	柳园口—府君寺	不稳定	不稳定	次不稳定	
	府君寺—夹河滩	不稳定	不稳定	基本稳定	
	夹河滩—东坝头	不稳定	不稳定	极不稳定	
	东坝头—范集	极不稳定	不稳定	次不稳定	

（1）沁河口—郑州铁路桥段:属不稳定段,构造上表现为地形变速率较大,地震烈度Ⅶ度;堤基存在严重液化土体;影响悬河稳定性的河道地质地貌因子主要是堤河较发育,横比降较大,土体结构松散。存在的悬河失稳模式主要为冲决。

（2）郑州铁路桥—东坝头段:属不稳定段。构造上表现为相对沉降速率较大,存在穿黄临黄断裂,地震烈度Ⅶ度;堤基存在严重液化土体和旧的决口口门;不良地貌因子主要是堤河、串沟较发育,临背差大,土体结构松散,渗透性较强,河床与一级河漫滩、一级河漫滩与二级河漫滩高差逐渐减小,河床曲率大,主流摆动明显,局部主流临堤形成险工。存在的悬河失稳模式主要为冲积。

（3）东坝头—张庄段:属极不稳定段。构造上表现为沿河道走向发育活动性深断裂,属发震断裂,地震烈度Ⅶ~Ⅷ度,断裂上切至全新统,垂向地形变以沉降为主,河道内泥沙沉积速率达全河段最大值,二级悬河较突出,土体结构疏松,主流曲率较大。现状情况下,存在的悬河失稳模式为冲决、震决。

(4)张庄—陶城铺段:属次不稳定段。构造上表现为断裂构造不发育,地震烈度Ⅶ度;堤基分布严重液化砂性土层,但厚度较小;河道内沉积粉质黏土,主流曲率较小,床滩高差较大,但河道宽度较小,过洪能力变小,存在的悬河失稳模式属溃决。

第七章 防洪减灾对策建议

第一节 历史治黄策略概述

有史以来沿黄人民就开始了与黄河水患灾害的斗争,并取得了巨大的治黄成就。随着社会的进步,治黄理论和方法也在不断地发展和完善。纵观各个时期的治黄成就历史,都曾出现过一些重要的代表人物。他们从当时的社会背景和黄河演化情势出发,提出了许多治黄方略和主张。

(1)疏导法。相传这是大禹治水的突破性见解和实践。远古时期,洪水为患,人们采取避让和水来土掩的防洪办法,记载有共工埋水,鲧障洪水,效果均不显著。禹舜时,禹受命继续治水,吸取共工、鲧治水之教训,"兴人徒以傅土,行山表木,定高山大川……。左准绳,右规矩,载四时,以开九州,通九道,陂九泽,度九山"。终择太行山前冲洪积与黄河冲积交接洼地,采用因势疏导,兼用筑堤滞蓄方法,取得了极大的成功。但因河道长期行水、淤积抬高,于周定王五年(前602年)河决宿胥口,史称黄河第一次大改道。

(2)宽河行洪。这是东汉王景的治河实践。在吸取因势疏导和筑堤滞洪治水方略的基础上,人为地控制河流纵横断面形态,以利导水攻沙。首先,根据地势选定了荥阳至千乘这样较短、较低洼的行河线路;其次采用宽河束水,体现了淤滩刷槽之思想,记载有"十里立一水门,令更相洄注,无复溃漏之患"。其起到了以下作用:①主河槽之水不至过高以危堤岸;②涨水通过水门使泥沙淀于堤后,增大滩槽高差;③清水退入主河道反使河槽刷深。王景治河开创了在黄河治理中人工选择线路和人工设计有滩有槽复式河流断面的先例,使河道入海距离最短、比降大,河水流速和输沙功能强大,河道行水1 000余年,取得了治河的巨大成就,史称"王景治河千年无恙"。

(3)合流论。这是明末著名的治河专家潘季驯的集流学说。提出黄河善淤、善决的症结在于泥沙,进一步认识了水流与泥沙的关系,"水分则势缓,势缓则沙停,沙停则河饱,河饱则水溢,水溢则堤决"。同时指出"水合则势猛,势猛则沙刷,沙刷则河深,寻丈之水皆由河底,止见其卑"。他认为要避免泥沙淤积于河底只有采用"筑堤束水,以水攻沙"的办法。潘季驯运用塞决,筑堤挽河归槽等措施,并对兰考以下明清河道治理,取得了一定时期的安流。他的治河策略和实践对其后的治河思想有很大的影响。

(4)改道论。这是清道光年间魏源提出的,他认为当时的黄河河道已普通淤高,决口频繁,提出"由今之河,无变今之道,虽神禹复生不能治,断非改道不为功。人力预改之者,上也"。他主张"乘冬水归壑之月,筑堤束河,导之东北,计张秋以西,上自阳武,中有沙河、赵王河,经长垣、东明二县,上承延津,下归运河,即汉、唐、旧河故道,但创遥堤以节制之,即天然河槽"。他认为当时的河道难以保持下去,不如人为改道;否则,黄河就要自找出路。受当时社会经济条件制约,他的主张未能引起重视,黄河终于咸丰五年(1855年)决口铜瓦厢改道北流。

(5)综合治理主张。我国近代水利学家李仪祉提出除害兴利,上、中、下游全面治理的主张。上、中游蓄水拦沙,即采用植树造林,打坝留淤,建库蓄水拦沙;下游浚治,即对下游开辟减河,整治河道,固定中水河槽,刷槽淤滩以使洪水安全入海。可惜在军阀混战的年代,他的治河主张未能得到实践。

纵观治黄之历史,对黄河泥沙的危害与淤积规律的认识在不断深化,治黄的理论与实践也在不断发展,但由于受社会经济及生产力水平的限制,不可能产生系统的综合治理与综合利用的科学理论。

第二节　治河经验与教训

中国数千年的历史也是一部治黄史。在历史的长河中涌现了一大批科学家和著名的治河人物,如王景、贾让、潘季驯以及传说中的大禹等。如前所述,他们在治河实践中积累了丰富的经验,据当时的环境和条件提出了各自的治黄主张,并取得了骄人的治河业绩。同时,将这些经验和理论载入史册,或修撰治河专著行世。由于历史条件的限制,他们未能根治黄河的河害,但他们的业绩是不可磨灭的。

历史上的治黄,以下游防洪为主,其次是上中游引灌兼及漕运,自古至今,黄河下游的防洪一直列在首位。由于历史条件的限制,黄河治理既缺少其他基础学科成果的支撑,又缺乏系统的理论上的科学总结,阻碍了自身的发展,如沿袭千年的埽工,是防治河道冲决的主要工程手段,但所采用的材料结构一直是薪柴土石的混合结构,直到清末民初才有所改变,新中国成立后,才以浆砌块石等新型构筑物取代了埽工。

清末民初,西方近代水利技术相继传入中国,促进了水利技术更新及治黄方略研究的进展,并开始探讨上中下游综合治黄的新路子。当然,这一时期的政治制度腐朽、军阀混战、经济贫困阻碍了水利事业的发展,直到新中国成立后,才迎来了兴旺发达的水利建设的新局面。

人民治黄 50 余年,实行综合、系统治黄的方针,梯级开发、中游水土保持环境治理及水资源开发利用都取得了很大的进展;应特别指出的是,已建成黄河下游较为完善的防洪系统,并取得了岁岁安澜的巨大成就,但也不应忘记,在 20 世纪 50 年代由于理论和实践的缺乏,在建设黄河第一个大型枢纽工程——三门峡水利枢纽工程时存在失误,没有达到预期目的,主要的教训在于对黄河泥沙的严重性认识不足。这次失误为以后的治黄提供了前车之鉴,我们今天对泥沙研究力度的加强并取得了泥沙来源、输移和淤积方面的大量研究成果,同时实施了一大批成功的治河工程,与此不无关系。

第三节　黄河治理的现状及存在的问题

如上所述,新中国成立 50 年来,治黄取得了巨大的成就,为新时期社会政治的发展提供了良好的环境支撑。同时,在治黄科技方面也积累了一些涵盖面广泛的重要成果,且科学研究活动活跃,不断引进一些高新科技理论与方法。

现在黄河所面临的问题,我们可以用近期治黄的目标来表述。下面引用业内人士的四句话来概括:大堤不决口、河水不断流、污染不超标、河床不抬高,即洪水威胁问题、泥沙淤积问题、水资源问题和水环境问题,我们只就第一个问题进行分析。

黄河下游的防洪安全问题一般表述为安澜中隐伏着危机,洪水威胁仍然是国家的心腹之患。50 年来,防洪系统不断完善,河工建设不断进步。但我们仍应注意到黄河水少沙多的基本特征未变,堤防之病害未能在短时间内根除,河道萎缩河床抬高的趋势在 20 世纪末已达到不可容忍的程度。“96 · 8”洪水的实践提示我们,河道洪水位普遍抬高,平滩流量已降低到 3 000 m³/s 左右。中常洪水普遍漫滩,漫滩区受灾之严重是铜瓦厢改道以来一百多年从未出现过的。河势突变和工程的毁坏很严重,洪水演进速度之慢已创记录。因此,可以预见仍存在大洪水发生决口事故的风险,甚至有的专家已经提出河道枯水灾变的问题,即下游径流长期偏枯可促使河道不良演变以致成灾。

随着河道地貌向不良方向演化,河势突变及“三河”的发生造成冲决事故的机遇将可能增加。由于洪水位普遍抬高,堤防隐患及薄弱环节并未治理到位,溃决事件的发生也将是可能的。

第四节 防洪减灾的地学对策及建议

一、防洪减灾存在的主要问题

(一)黄河下游河道将继续淤积抬高

现黄河下游河道已是一条高悬于华北平原上的地上悬河,其形成是内外地质营力综合作用的结果,其今后发展演化将受整个黄河大系统、大环境的制约。在目前中游地区岩土侵蚀没有得到有效控制的背景下,下游淤积仍有其丰富的物源条件;特别是黄河水少沙多这一特点,加上下游大部分地区长期处于构造沉降过程中,筑堤束河,季节性断流更使下游河道进一步淤积抬高。据淤积断面测量资料,1964~2000 年花园口—高村段全河道平均淤积速率 5~10 cm/a。

近年来,随着人口增长和现代工业的发展,促使全球环境变化,引起"温室效应",造成全球气温升高,海平面上升,致使黄河下游纵坡降降低,侵蚀基准面升高,从而加剧了下游河道的淤积。

50 多年来治黄工作取得了伟大胜利,下游经受住了多次大洪水的考验,避免了重大决口泛滥灾害的发生,但却使黄河河床平均淤积抬高了近 3 m。花园口断面 1964~2000 年河床淤高 3.9 m,漫滩淤高 2.0 m;高村断面 1964~2000 年河床淤高 5.8 m,漫滩淤高 1.8 m。强烈的淤积作用,使河道萎缩严重,1855 年铜瓦厢决口溯源侵蚀形成的深槽又被淤积殆尽,二级漫滩高差已不明显。更为严重的是,多年来从未上过水且人口密集的高滩,在 1996 年 8 月的 7 600 m³/s 中常洪水下却上水漫滩,并造成多处险情和巨大损失,这次洪水花园口水位标高 94.72 m,比 1958 年 22 300 m³/s

大洪水相应最高水位 93.82 m 高出 0.9 m,2002 年小浪底水库放水冲沙试验,2 950 m³/s 的人造洪峰使濮阳以下河段漫滩上水被淹,造成很大损失。低流量高水位加大了洪水悬差,因渗透稳定性问题而严重影响大堤安全。由此可看出河道不断淤积抬高的严重性。

当然,小浪底水库的建成运行尤其是建成初期,不但可以大大减少下游的淤积,同时还可以调水调沙,减淤刷槽。水利部门预测小浪底水库可使下游河道 20 年不淤积(叶青超等,1997),20 年后怎么办,河床可能还会继续淤积抬高,泥沙问题在相当时间内难以根本解决,历史上形成的"地上悬河"将长期存在,所以黄河下游防洪将是长期而艰巨的任务。

(二)河流地貌仍向不良化发展

近年来,黄河的管理部门——黄河水利委员会,加强了下游河道整治工作,建成一批控导工程,规顺了河流流路,限制了河水的游荡范围,减少了因河势变化而引起堤防出险的几率。河道整治工程的积极作用是显而易见的,但也带来了一定的负效应。首先是减少了中小洪水上滩落淤的机会,加大了河床淤积,减少了漫滩淤积,使河道向床高滩低的方向发展,形成二级悬河和较大漫滩横比降。另外,近十几年中上游来水量减少,下游河口断流时间逐年增加,使河水带来的泥沙无法输送入海,除一部分引水灌溉引出河道外,大部分落淤到河槽内,影响黄河行洪。河道整治后,两岸均出现了宽阔的河漫滩,漫滩上以往留下较多的汊河道、串沟、半自然堤等微地貌,大堤临河侧因抽沙淤背和落淤少而形成临河洼地,这些不良地貌在发生大洪水时,极易造成河势突变,影响大堤安全。

(三)地质构造对堤防稳定性的影响研究得很不够

地质构造对黄河河道稳定性的影响,往往因比较缓慢和长期性,加上平原区的松散层对构造活动的不敏感性,常被人们所忽视。地震活动突然,但周期较长又难以预测。仔细分析研究历史上黄河的决口改道、安流时间的长短、现行河道决口点的分布、河道险工的分布、河势的变化,多与构造格局和其活动性有关。所以,黄河治理中应加强构造活动性研究,尤其是穿黄、邻黄活动性断裂对大堤稳定性的影响。黄河上的工程建设应像目前其他工程建设规划、设计、施工那样重视构造稳定性和地震安全性评价。

二、黄河下游防洪减灾的地学对策

(一)从地学角度研究黄河下游防洪

从洪水的形成看,洪水是由异常或灾害性大气降水引发的,所以长期以来洪水一直被人们视为气象灾害。同时,洪灾又是河流汇集降水引起的。因此,洪灾的防治和研究又一直是由水利部门承担的。但从洪灾发生的机理看,其与地质环境密切相关,尤其是高含泥沙洪水和泥石流一样应视为一种大的地质灾害,其理由概括为如下几点。

1. 洪灾的形成直接受地形地貌、地质条件的制约

暴雨是洪水形成的直接因素,洪水的形成还受雨区的地形地貌、地层岩性等条件的制约。而洪灾除与洪水有关外,还与致灾区的地形地貌、地质构造、人类工程活动有关,所以由暴雨发展到洪水、洪灾是个发展很快的地质过程。大的洪水灾害往往是异地成灾,异常降雨降在山丘区,即在一定的地貌条件下径流汇集并侵蚀挟带一定的固体物质,从而形成洪水或泥流,并在某些特殊的地貌、构造、岩性等地质条件下,洪水决堤、泛滥形成洪水灾害。黄河下游由于已成地上悬河,流域面积很小,所以黄河下游的洪水常由中上游洪水组成,并侵蚀挟带大量泥沙,在下游决堤、泛滥形成洪灾,属于典型的异地成灾。黄河下游历史上洪水造成的决溢、改道基本属于这种类型。

2. 洪灾是现代外动力地质作用的结果

黄河下游的洪灾是由流域内侵蚀—搬运—堆积等外动力地质作用所决定的。中上游尤其是中游,河流以侵蚀为主,产生大量泥沙,下游区尤其是构造沉降区以堆积为主,大量泥沙沉积抬高河床,形成地上悬河,使河道纵比降减小,河水排泄不畅,导致漫决、溃决或冲决形成洪灾。洪水决溢主要发生于河道游荡频繁、构造活动强烈、河流侵蚀和悬河悬差大的河段,所以黄河下游防洪减灾应从全流域的河流地质作用过程研究着手,按地质规律治黄。

3. 黄河下游洪水灾害是一种地质灾害

黄河洪水有其特殊性,它不仅水量大,而且还高含泥沙,尤其是黄土高原上形成的洪水其实是一种泥流,和泥石流一样,挟带固体物质较多,来势凶猛,危害极大,许多特征和泥石流相似,只是物源远,颗粒较细,输移途径长。所以,黄河下游洪灾是一种大的地质灾害,它的形成、发展和危害是由中、下游地区的区域地质地貌条件决定的。在地貌上,黄河中游位于中国第二大地貌台阶上,地势高亢、冲沟发育,地形支离破碎;构造上多处于隆升区;地层岩性方面广泛分布第四纪黄土和风沙,黄土层松散,大孔隙及垂直节理发育,极易侵蚀搬运,这是洪水泥沙形成的地质背景。黄河下游地貌上位于冲积平原,地势低平,其间有古河道高地和河间洼地;构造上黄河下游处于华北断块坳陷内,自中生代以来呈间歇性沉降,第四纪以来沉降速率加大;地层岩性上,黄河下游浅层广泛分布第四纪松散堆积物,河道内为新近堆积的粉土和砂土,由于构造沉降,导致中游来沙大量落淤,造成河床淤积抬高,行洪不畅,蓄洪能力降低,这是洪灾形成的地质背景。

4. 地质学研究与防洪减灾的关系

洪灾是由多种因素引发的。因此,黄河下游的防洪减灾也应多学科攻关,其中地质学研究具有重要作用。洪水灾害的预测预警应从洪水可能发生的地点和范围、洪灾的发展趋势等方面进行研究。预测洪灾可能发生的地点和范围,需要研究流域的新构造运动特征、流域和河道地质地貌特征、不同河段河流侵蚀堆积规律、可能决口点的地质及构造条件。洪灾的发展趋势需要从现代构造运动及趋势预测、河道演化趋势预测等方面进行研究。洪灾是否发生,一定程度上受堤防稳定性制约,而堤防稳定性又受控于区域稳定性和堤基稳定性,所以研究区域构造活动特征,尤其是穿黄、邻黄活动断裂的活动性,地震危险性和烈度,构造单元对河流的控制作用等方面很重要。堤基稳定性主要与堤基的岩性组成和土体结构,软弱土、液化砂土的分布规律,决口口门的分布和堵填物料,土体的岩土工程地质特性等有关,需要深入研究,可见开展黄河防洪减灾中的地学研究意义重大。

（二）黄河下游防洪的地学对策

1.黄河下游邻黄大堤不宜继续加高,应利用河道泥沙不断加宽大堤

黄河下游由于大堤束水而引起河道不断淤积抬高,而河道淤积又反过来胁迫大堤继续加高,这种堤河竞高的问题已经因洪水悬差的逐步加大而严重威胁大堤安全,目前这个问题仍有恶化的趋势。1996 年 8 月黄河洪水量虽然只有 1958 年洪水量的 1/3,但其下游各站的洪水位普遍高于 1958 年,其中花园口站水位超 0.9 m,致使漫滩全部上水,洪水偎临大堤,并多处出现险情。所以,目前大堤仍按 1958 年的 22 300 m^3/s 标准设防显然是不可能的。要提高黄河下游大堤的防洪标准,一是加高黄河大堤,二是减少泥沙淤积,疏浚河道。目前,黄河下游河流已成为地上悬河,悬河临背差最大已超过 10 m,洪水悬差更大,继续加高大堤,床堤竞高,发生洪灾的危险性更大;同时,大堤堤基地质结构复杂并有软弱土、渗透性强的砂土存在,限制了大堤的加高。所以,黄河大堤不宜继续加高。

小浪底水库建成运行,利用水库的死库容淤沙,可减少下游河

道淤积,更主要的是利用水库的功能和河流动力地质作用,调水调沙,刷深河槽,将目前河道中淤积的泥沙输送到大海,再一个是抽沙淤背,利用河槽中的泥沙加宽加固邻黄大堤。据中央电视台报道,黄河下游山东段将投入70亿元,利用黄河泥沙加宽黄河大堤,将黄河大堤建成百米宽的绿色长廊。水利部编制的《黄河近期重点治理开发规划》(简称《规划》)中也将大堤加固作为主要工作。《规划》认为:"近期黄河下游堤防工程建设项目实施后,沁河口以下1 325 km临黄大堤得到全面加固,特别是1 180.4 km堤防背河淤宽100 m后,将消除堤防质量差和各种险点隐患,黄河大堤将成为防洪保障线、抢险交通线、生态景观线,在军民联防配合下确保花园口22 000 m^3/s 以内洪水堤防不决口。"堤防建设将投资230.7亿元。

2. 黄河下游大堤加固要充分考虑地质地貌条件

黄河下游地区广泛分布第四系松散堆积物,地质地貌条件较复杂,尤其是堤基土体结构十分复杂,所以大堤加固应考虑以下几个方面的因素。在深入开展地质地貌调查的基础上,根据不同河段的工程地质特点,制订和实施相应的加固措施和方案。

1) 地质构造的复杂性

黄河下游平原,第四纪以来以构造沉降为主,沉降幅度因地而异,最大沉降幅度大于300 m,平原区隐伏着一系列第四纪活动断裂,如聊兰断裂、黄河断裂、商丘断裂、新商断裂、齐河—广饶断裂等。由于这些断裂多为邻黄穿黄断裂,部分还构成断陷、隆起的边界断裂,所以其差异活动,使区内地质构造复杂化,大断裂控制大的地质构造单元,小断裂控制小的地质构造单元。活动性断裂与黄河的交汇处,构造单元的交接部位是黄河防洪重点防御地段,如右岸的花园口、中牟九堡、开封柳园口、兰考东坝头;左岸的沁河口、原阳太平镇、封丘荆隆宫、贯台、长垣、范县彭楼等地。

2）工程稳定条件复杂性

黄河下游地处华北地震区的华北平原地震亚区。与黄河大堤稳定性关系密切的地震带包括：许昌—淮南地震带；邢台—河间地震带；郯城—营口地震带。这些地震带均有发生中强地震的地震地质背景，地震烈度分区均大于或等于Ⅶ度，历史上曾发生过多次强震，如菏泽地震、渤海地震等，对大堤都造成了破坏。重点防范河段包括原阳河段、范县河段，这两段都处于或接近Ⅷ度地震烈度区。

3）堤基土体结构和岩性组成的复杂性

前已述及，黄河大堤堤基土体结构复杂，有单层结构、双层结构和多层结构。岩性又十分复杂，以粉土和砂土为主，间有淤泥、淤泥质软土和粉质黏土。尤其是广泛分布的饱和粉细砂和粉土，在地震条件下，易引发砂土液化，黄河下游在历史上决口频繁，留下众多的决口口门和决口扇，决口口门的堵口材料更复杂，有石块、土、秸料、树枝等，这些老口门和决口扇使现黄河大堤的堤基岩性更加复杂化。

4）地貌条件的复杂性

黄河下游河道有其特殊的一面，主要表现为地上悬河和河道的宽、浅、散、乱，强烈游荡和严重淤积，造成河道带地貌条件十分复杂。河道内除河床外，河漫滩发育，漫滩在东坝头以上分为高滩和低滩。漫滩上微地貌也较发育，主要有串沟、自然堤、半自然堤、生产堤、沙岗（丘）等，在大堤的两侧分布有临河洼地、背河洼地、冲刷坑（槽）。大堤之下分布有古河道、决口扇等。复杂的地貌条件和较粗的沉积物分布，加上堤身的岩性（多为粉砂和粉土）和较大的悬河悬差，极易在大堤的外侧形成管涌。另外，复杂的地貌条件，加上敏感的岩性条件和河流动力地质作用，形成横河、斜河、滚河，极易在不同河段造成冲决、溃决险情。

3. 利用河流动力地质作用,重塑黄河下游河流地貌

通过黄河下游环境地质调查分析证实,目前其河流地貌系统存在较多影响河道稳定性的不良地貌因子,且这些因子仍呈不断恶化的发展趋势,这对黄河下游河道稳定和防洪减灾极为不利。这些因子包括:地上悬河特别是二级悬河的发展;河漫滩上串沟的发育和漫滩较大的横比降;临河洼地和背河洼地的存在;人工生产堤、半自然堤的存在等。重塑黄河下游河流地貌,就是利用河流动力地质作用对河道内的不良地貌因子进行治理,其治理方法和措施包括:

(1)利用高含泥沙的一般洪水和中常洪水,采用人为措施有计划地对漫滩上的串沟、临河洼地进行淤高,减少形成横河、斜河和堤河的机会。

(2)对自然堤、半自然堤和漫滩横比降大的河段采用机械进行人工整治河道,坚决破除人工生产堤和影响河道行洪的建筑物。

(3)有计划地进行抽沙淤背和利用现有的引水工程进行放淤,以淤高现有的背河洼地,降底临背差,也可用其泥沙人工加宽大堤。要充分利用落淤后的清水资源进行灌溉和回渗补给沿河地下水资源,还可利用退水与防止湿地萎缩相结合,防止因该项工作引起堤外地质环境的恶化。

4. 充分利用黄河泥沙资源,重塑黄河下游平原地貌

黄河下游河道是黄河下游冲积平原的中脊,是海河流域和淮河流域的分水岭。据调查,下游平原区分布有较多的洼地,这些地区低洼易涝,部分地段仍受盐渍化危害,粮食产量低。泥沙虽是黄河危害的主要因素,但它为我们淤积了肥沃的黄河下游平原,使其成为我国重要的农业区和商品粮基地。新中国成立后,也曾用淤灌、稻改、放水改土的方法改造了盐碱地,提高了土地肥力,并大幅度提高了粮食产量。重塑黄河下游平原地貌就是利用黄河下游平原的地质地貌条件,借用黄河居高临下和高含泥沙洪水的冲刷、搬

运、淤积等动力地质作用,以有限的人工分流方式,利用含泥沙洪水溯源侵蚀的原河床泥沙,通过现有的水利工程远距离输往预定的平原低洼部位,以达到河道刷槽减淤及塑造平原地貌的目的。特别是在小浪底水库运用初期,利用河水含沙量低的特点,人为有计划地刷槽放淤,更能达到治理床高的目的,这种利用泥沙较高的中常洪水和较大洪水,通过多处口门及人工泛道将河流泥沙分配在平原各地的治理措施,可以取得类似黄河自然游荡淤积的效果。也可先进行"利用高含沙水流远距离输送泥沙"试验,以期取得经验后全面推广。

重塑黄河下游平原地貌还要和水资源和土地资源的开发利用相结合。泥沙落淤后会有大量的清水资源,要充分利用这一资源缓解下游地区的灌溉用水和城市用水不足的矛盾,也可结合地下水调蓄将清水引渗到地下进行调蓄,以备将来利用。同时,洼地区地下水一般矿化度较高,多为微咸水和半咸水,落淤后的清水渗入地下可起到稀释作用,使浅层地下水得到充分利用。在城市附近还可通过自然和人工方式回灌地下水,减小已形成降落漏斗的面积。黄河下游平原低洼地,地下水位浅埋,可以结合改变耕作方式,实行稻改,以提高粮食产量,既解决了黄河泥沙的出路问题,又充分利用了水资源。目前,可先在就近的黄河古河床洼地、古河道背河洼地、决口扇的扇间洼地等单元实施,这些洼地主要分布在原阳—新乡以东、明清故道及两侧。

5. 充分利用中游水利工程,调节下游泥沙级配,尽可能将泥沙输送到大海

黄河中游大型水利工程逐步兴建,其死库容为下游河道减少淤积创造了条件。如何减缓水库淤积,尽量使其淤粗泥沙,排细泥沙,也是黄河研究的一项内容。黄河中游不同地区侵蚀泥沙的物质成分、粒度、比重不同,它们直接影响泥沙的输移。粗粒物质、比重大的矿物易于先沉积,而比重小的矿物、粒度细的物质,如黏粒

物质、胶体物质等易排往大海,这也从地质钻探中使用的泥浆得到启示,泥浆中黏土矿物和胶体物质是挟带孔底岩屑、泥沙的关键,适当的泥浆黏度和比重很容易将钻进中的粗粒物质挟带到地表。由此,我们设想,当黄河中游来沙主要为细粒物质,且黏土矿物和胶体矿物含量过高时就排,不但可以自身排往大海,而且还可冲刷挟带下游河床已淤积的泥沙。当黄河中游来沙主要为粗泥沙时,就利用水库死库容进行调节,让粗沙淤积,减少下游河床落淤,增加河道行河寿命。

6. 加快南水北调工程进度,增加黄河径流量,减少下游河床淤积

黄河的特点是水少、沙多,水流的挟沙能力远远小于其含沙量,这是由黄河流域独特的自然环境所决定的,而这样的自然环境在短时间内很难有根本性的改变。随着流域内需水量的增加,这种局面会更加恶化。因此,要使黄河下游河道达到长期冲淤平衡,就必须解决流域内的缺水问题,增加河流径流量,唯一途径是从长江流域调水到黄河,既能解决黄河下游两岸用水,又能使其增水减淤。目前,南水北调中线工程已动工,但该工程主要是解决华北平原、北京、天津及沿线城市用水,用于补给黄河的水量很小,只能考虑用丰水期或丰水年的余水引入黄河冲沙,这远不能满足要求。所以,应尽快论证,建设南水北调西线工程,把长江源头的水调到黄河上游,既可解决西北干旱地区黄河两岸供水不足问题,又能保证中、上游干流的稳定径流量,对下游冲沙极为有利。有关专家初步估算(王居正,1989),若从中线引水 $100 \times 10^8 \text{ m}^3$,黄河下游将减淤 $2 \times 10^8 \sim 3 \times 10^8 \text{ t}$,能基本上维持黄河下游的冲淤平衡。因此,南水北调是解决黄河流域缺水,改善下游水沙状况的重要途径之一。

7. 遵从河流自然规律,做好"三堤两河"的前期论证工作

人民治黄以来,黄河虽然安流 50 多年,经过治理现有河道还可再行河若干年,但河床日益淤高的现实还存在,"人定胜天"和

黄河的"长治久安"只是人们美好的愿望。从黄河的形成地史时期到有记载的历史时期,黄河都在不断的泛流改道,当河道的地质地貌条件好、社会稳定、经济繁荣、政府重视治河,它的行河时间就长,反之则决口改道频繁,水灾连年不断,这是黄河演变的自然规律。当然,目前黄河上有一套相当完备的防洪体系。中游有多座大型水利枢纽,以后可能还要再建一些,下游有坚固的黄河大堤和先进的防洪工程体系,这些都为防洪减灾提供了保证。但是,黄河的地上悬河悬差日益增大,是近期人们难以改变的现实,随着社会经济的发展,发生洪灾的危险性和危害性更大,直到目前人们还没有找到控制黄河泥沙并不使下游河道淤高的长久性、有效性措施。科学的发展,经济的发达,人类治河水平的提高,只能延续现行河道的行河年限,而不能根除黄河的水患。所以,许多学者都在研究黄河,特别是近年来各方面不少专家学者从不同角度提出了许多有益的治河方案,有些方案已开始实施。

三堤河流是 1982 年赵得秀提出来的治河方案,叶青超从地学研究出发,根据黄河下游决口改道的环境背景及其决口改道的历史必然规律,认为在治理方略上应该因势利导,与其自然改道,不如人工改道,从而主张摒弃旧河道、开辟新的河道。他认为,现行河道正处于衰亡阶段,已远远不能适应今后特大洪水的通过。一旦沿黄大堤发生决溢事件,其后果是不堪设想的。所以,他建议在现黄河以北实施"三堤两河"或"开辟新黄河"方案。具体"三堤两河"方案是:以目前黄河北堤为南堤,另建新黄河北堤,加大泄流量。"三堤两河"新河道的起点选择到兰考冲积扇顶点的夹河滩附近,到利津后再回归现行河口河道。我们通过黄河河道带环境地质调查,对黄河两岸的地质地貌条件进行综合分析后认为该方案是可行的。不同的是叶青超研究员的思路是把新河道作为行河河道,把老河道废弃作为新黄河后备的泄洪通道。我们认为这种思路有其不足之处,一是现行河道还没有达到衰亡的阶段,通过人工治理还可抵御和通过较大洪水从而保证两岸安全无恙;二是目前国家在黄河上已投入大量资金并有完备的防洪工程体系,弃之不用损失巨大;三是现黄河上的水利工程、桥梁和两岸的供水系统齐全,新河道行河将会对两岸工农业生产,特别是城市发展产生重大影响。另外,高村以上河道较宽,蓄、排洪无大问题,所以分洪河道起点以选择到渠村附近为宜。

根据黄河的演变规律,两岸的地质地貌条件和目前的国力,我们认为近期仍以现河道行河,以新河道作为泄洪通道为宜,到现河道衰亡到一定程度不能再利用,新大堤也建成一定规模了再改用新河道行河。所以,应尽早开展"三堤两河"的前期论证和规划工作,规划河道内不再上新的项目,以减少修新河道带来更大损失。

新河道沿现黄河左岸大堤的背河洼地行河,地势低洼,平均纵比降1.34‰,大于现河道的纵比降1.21‰,其宽度可比照现宽河段宽度规划,一般5~10 km。从起点开始,新河道沿程通过原有北金堤滞洪区;齐河以下已有北展工程,这些滞洪区和展宽工程为新河道开辟提供了有利条件,新河道泄洪,还能刷深高村以上的老河道,可以增大河道的行洪和蓄洪能力。

黄河下游现河道通过陶城铺后进入山东窄河段,最窄处仅几百米,其洪水通过能力极低,所以"三堤两河"方案可先从此实施,以扩宽河流断面,增加排洪能力,减轻上游河段的洪水压力,延长现河道的使用寿命。

参 考 文 献

［1］ 钱宁,等.黄河下游河床演变［M］.北京:中国科学出版社,1965.

［2］ 叶青超.黄河下游河流地貌［M］.北京:中国科学出版社,1990.

［3］ 河南省地质矿产局.河南省区域地质志［G］.北京:地质出版社,1989.

［4］ 胡一三,等.黄河防洪［M］.郑州:黄河水利出版社,1996.

［5］ 马国彦,等.黄河下游河道工程地质及淤积物物源分析［M］.郑州:黄河
水利出版社,1997.

［6］ 水利部黄河水利委员会.黄河流域地图集［G］.北京:中国地图出版社,
1989.

［7］ 国家地震局.中国岩石圈动力学地图集［G］.北京:中国地图出版社,
1989.

［8］ 叶青超,等.黄河下游地上河发展趋势与环境后效［M］.郑州:黄河水利
出版社,1997.

［9］ 胡一三,等.黄河下游游荡性河段河道整治［M］.郑州:黄河水利出版
社,1998.

［10］ 齐璞,等.黄河水沙变化与下游河道减淤措施［M］.郑州:黄河水利出
版社,1997.

［11］ 赵业安,等.黄河下游河道演变基本规律［M］.郑州:黄河水利出版社,
1998.

［12］ 安芷生,等.黄土、黄河、黄河文化［G］.郑州:黄河水利出版社,1998.

［13］ 水利部黄河水利委员会.当代治黄论坛［G］.北京:科学出版社,1990.

［14］ 水利部黄河水利委员会.黄河水利史述要［M］.北京:水利电力出版
社,1984.

［15］ 王学潮,等.聊城—兰考断裂综合研究及黄河下游河道稳定性分析
［M］.郑州:黄河水利出版社,2001.

［16］ 邵时雄,等."中国黄淮海平原第四纪地质图"和"中国黄淮海平原第四
纪岩相古地理图"及说明书［M］.北京:地质出版社,1989.

［17］ 解新芳,等.黄河小浪底工程环境保护实践［M］.郑州:黄河水利出版

社,2000.

[18] 李长安,等.长江中游环境演化与防洪对策[M].武汉:中国地质大学出版社,2001.

[19] 马国彦.黄河下游河道演变及其预测[G]∥安芷生.黄土、黄河、黄河文化.郑州:黄河水利出版社,1998.

[20] 张克伟.黄河冲积扇上部新构造运动与河道变迁的关系[G]∥安芷生.黄土、黄河、黄河文化.郑州:黄河水利出版社,1998.

[21] 蔡呈海.黄河下游悬河形成与环境演变[G]∥安芷生.黄土、黄河、黄河文化.郑州:黄河水利出版社,1998.

[22] 张国建,等.黄河下游地上悬河地质环境演化趋势探讨[G]∥安芷生.黄土、黄河、黄河文化[M].郑州:黄河水利出版社,1998.

[23] 罗国煜,等.黄河下游悬河稳定性环境地学研究[J].地质论评,1997(4).

[24] 蔡为武.治黄的根本措施是下游河道整治[J].人民黄河,1995(1).

[25] 张永昌.非汛期引水引沙对黄河下游河道冲淤的影响[J].人民黄河,1995(2).

[26] 费俊祥.黄河下游节水减淤的高含沙水流输沙方式研究[J].人民黄河,1995(3).

[27] 曹文中,等.高含沙洪水对防洪工程的影响及防御对策[J].人民黄河,1995(5).

[28] 洪尚池."结合引黄供水沉沙淤筑相对地下河的研究"综述[J].人民黄河,1996(4).

[29] 石春先.黄河下游淤筑相对地下河工程社会评价[J].人民黄河,1996(4).

[30] 周景芋.1986～1995年黄河下游河势变化特点分析[J].人民黄河,1996(5).

[31] 宋玉山,等.黄河下游河道工程管理[J].人民黄河,1996(6).

[32] 卢杜田.从"96·8"洪水看黄河下游防洪形势[J].人民黄河,1997(5).

[33] 郝金之.从长江洪水议黄河下游防洪对策[J].人民黄河,1998(12).

[34] 戴英生.黄河的形成与发展简史[J].人民黄河,1986(6).

[35] 赵宪超.1937年荷泽7.0地震[J].地震,1981(6).

[36] 向宏发,等.平原区隐伏断裂的综合探测研究[G]∥中国活动断层研究.北京:地震出版社,1994.

［37］王基华,等.土壤中气汞量测量影响因素分析[J].西北地震学报,1997(2).

［38］罗国煜,等.黄河下游悬河稳定性及其环境问题[G]∥环境地质.北京:
地质出版社,1996.

［39］李玉信,等.河南平原新构造运动及其影响[G]∥河南地质科学论文
集.郑州:河南科学技术出版社,1992.

［40］徐福龄.黄河下游河道历史变迁概述[J].人民黄河,1982.

［41］袁隆,等.论黄河防洪长治久安之策[J].人民黄河,1997(8).

［42］河南省地震局,河南省博物馆.河南地震历史资料[M].郑州:河南人
民出版社,1980.

［43］国家地震局.中国地震裂度区划图及说明书(1∶400 万)[M].北京:地
震出版社,1990.

［44］赵景珍,等.豫北地区中强地震构造背景的探讨[J].地震地质,1984(2).

［45］丁晶,等.随机水文学[M].成都:成都科技大学出版社,1988.

［46］A. V. Knistofrov. Theory of Stochastic Processes Hydrology[M]. Moscow:
Moscow University Press, 1994.

［47］A. V. Knistofrov. Stochastic Model for Water Discharges in Flood Period
[M]. Moscow: Moscow University Press, 1998.

［48］贺仲雄.模糊数学及其应用[M].天津:天津科学技术出版社,1985.

［49］Badji M S, Dautrebande. Characterization of flood inundated areas and
delineation of poor drainage soil using ERS-SAR Imagery. Hydrological
Process,1997(11).

［50］Chen Deqing, Huang Shifeng, Yang Cunjian. Construction of water shed
flood disaster management and its application to the catastrophic flood of the
Yangtze River in 1998. The Journal of Chinese Geography,1999,9(2).